AVERTISSEMENT.

Les problèmes de ce petit Recueil présentant
la combinaison des quatre opérations de l'a-
rithmétique appliquées aux différentes espèces
de nombres, sont destinés aux élèves des éco-
les primaires qui connaissent déjà la partie matérielle du calcul, et qui ont déjà été exercés à
résoudre quelques questions élémentaires sur
chaque opération prise isolément.

MM. les Instituteurs, à qui ce livre s'adresse,
remarqueront que les données de ces problèmes n'ont pas été prises au hasard, car l'auteur s'est efforcé de les rendre aussi utiles que
possible, en n'y comprenant que des questions ayant rapport aux divers calculs que
l'homme du monde, agriculteur, industriel ou
commerçant, est journellement appelé à résoudre. Bien que pour la plupart de ces problèmes, l'enoncé soit un peu long, l'auteur s'est

appliqué à en rendre le sens clair, de manière à mettre la question à la portée de l'intelligence la plus ordinaire.

MM. les Instituteurs remarqueront également que beaucoup de ces problèmes sont susceptibles de plusieurs solutions différentes conduisant nécessairement au même résultat. Il sera bon, pour exercer le jugement de l'élève, de lui faire envisager la question sous les différents points de vue dont son énoncé peut être susceptible ; de plus, le maître devra toujours exiger de l'élève le raisonnement que comporte la solution du problème.

Enfin, ces problèmes soigneusement rédigés et gradués sont une œuvre consciencieuse et le fruit d'une longue pratique dans l'enseignement primaire et l'arpentage. Présentés sous une forme neuve et attrayante, il y a lieu de croire qu'ils seront utiles aux instituteurs et intéressants pour leurs élèves ; ainsi en ont jugé plusieurs hauts fonctionnaires de l'université qui ont bien voulu en encourager la publication.

Ces problèmes, limités au nombre de *cinq cents,* se divisent en vingt séries comprenant chacune vingt-cinq problèmes variés et gradués avec soin par ordre de difficulté.

Les huit premières séries comprennent des questions sur le calcul des nombres entiers et des nombres décimaux.

Les quatre séries suivantes se composent de problèmes sur le calcul des unités du système métrique.

Trois séries comprennent des questions sur le calcul des fractions ordinaires. Bien que depuis l'établissement du système métrique, ce calcul ait perdu un peu de son importance, la théorie des fractions ordinaires est si belle et si propre à former le jugement des élèves, que cette partie de l'arithmétique ne doit pas être négligée.

Deux séries traitent de questions pouvant être résolues à l'aide des proportions, ou de la méthode dite *de l'unité*. Ces deux séries comprennent en outre des problèmes sur le calcul des intérêts, assurances, rentes sur l'Etat, etc. On n'a pas cru devoir donner de problèmes sur les règles dites *règles de trois,* parce que ces sortes de questions, dont l'utilité est d'ailleurs contestable, se trouvent en grand nombre dans les différents auteurs, et que, sous ce rapport, on n'aurait rien pu dire de nouveau.

Une série est consacrée à des problèmes divers et de récapitulation.

Enfin les deux dernières séries comprennent des questions sur l'évaluation des surfaces et des volumes.

Les réponses sont insérées à la fin du volume, mais séparément, de manière à pouvoir être détachées si l'ouvrage doit être mis entre les mains des élèves.

PROBLÈMES OU EXERCICES

DE

CALCUL.

PREMIÈRE SÉRIE.

Calcul des nombres entiers et des nombres décimaux.

PROBLÈME 1er — Un père de famille a donné une certaine somme à son fils pour avoir des fournitures d'école. Celui-ci acheta du papier pour 1f·20c·; des plumes pour 0f·35c·; d'autres fournitures pour 0f·60c·; ensuite il donna 0f·15c· aux pauvres, et eut encore 0f·70c· de reste : quelle somme cet écolier avait-il reçue de son père ?

P. 2. — Dans une école, il y a trois divisions ou classes : la première se compose de 34 élèves ; la seconde en a 9 de moins que la première ; et la troisième, 5 de plus que la seconde : on demande le nombre total des élèves de l'école.

P. 3. — Dans le cours d'une année, un ouvrier économe a placé à la caisse d'épargne, savoir : dans le mois de février, 25^f; en avril, 20^f; en mai, 35^f; en juillet, 20^f; en septembre, 25^f; et en octobre, 30^f. Mais il en a retiré 20^f en mars, 10^f en juin et 15^f en décembre : on demande quel était, en principal, le montant de son livret, à la fin de cette première année.

P. 4. — On a payé 1000^f à 4 ouvriers ; le premier reçut 185^f; le second eut 35^f de plus que le premier ; le troisième reçut 55^f de moins que les deux premiers ensemble, et le quatrième eut le reste de la somme : quelle fut la part de chacun ?

P. 5. — Un petit propriétaire possède une terre estimée 2500^f, un pré de 1450^f, une vigne de 670^f, sa maison vaut 2700^f et son mobilier 850^f.; mais cet homme doit 1500^f : quel est le montant réel de sa fortune ?

P. 6. — On a revendu un cheval pour 510^f, et sur ce marché, on a gagné 45^f : combien avait-on acheté ce cheval primitivement ?

P. 7. — Un corps d'armée était composé de 24.000^h de cavalerie et 38.000 d'infanterie. Après une bataille, il ne restait plus que 46.580 soldats en bonne santé, et 2.860 blessés ; de plus, un régiment de 1.875[h] a été fait prisonnier, et le reste est mort sur le champ de bataille : combien y eut-il de soldats tués ?

P. 8. — Un compagnon menuisier ayant travaillé pendant un an chez un maître, celui-ci lui fit son compte. Il trouva que cet ouvrier avait dépensé 360[f] pour sa nourriture ; 120[f] pour son habillement, et 275[f] pour ses autres dépenses, de sorte qu'il redevait 45[f] à son maître qui lui avait avancé les sommes ci-dessus : combien cet ouvrier avait-il gagné pendant l'année ?

P. 9. — Un incendie détruisit une maison dans laquelle il y avait des denrées pour 1360[f]; le mobilier valait 640[f], et la maison était estimée 4.800[f]. Le feu consuma toutes les denrées, et on ne put sauver du mobilier que pour une valeur de 130[f]; les matériaux restant ne sont estimés que 270[f]: quelle fut la perte du propriétaire ?

P. 10. — Un entrepreneur de bâtiments acheta un terrain pour 875[f], et y construisit une maison. La construction achevée, il revendit le tout pour 12.000[f] et il dit qu'il a perdu 300[f] sur cette spéculation : combien la maison lui a-t-elle donc coûté à bâtir ?

P. 11. — Les héritiers d'un négociant furent obligés de vendre son fonds pour payer ses dettes qui montaient à 18.000^f. On trouva dans la maison du défunt 875^f en espèces et 1200^f en billets de banque : de plus, il y avait pour 2385^f de créances inscrites sur les livres, mais une somme de 840^f fut irrécouvrable. Ensuite, on vendit le fonds 10.000^f; le mobilier 1265^f, et la maison 6500^f. Sachant que les frais de liquidation et autres se sont élevés à 685^f, on demande ce qu'il resta aux héritiers.

P. 12. — Un particulier a vendu un cheval, le harnais et la voiture pour 800^f. Ce harnais est estimé 125^f et la voiture 355^f : quel est donc le prix du cheval?

P. 13. — On a payé une somme de 600^f à trois ouvriers de manière que le deuxième eut 45^f de plus que le premier, et le troisième 60^f de plus que le second : quelle fut la part de chacun ?

P. 14. — Combien coûtera la vitrerie d'une maison qui a douze croisées, chacune de 6 carreaux, à 1^{f}80^c le carreau ?

P. 15. — On a payé 420^f à une troupe d'ouvriers qui ont reçu chacun 15^f : quel était le nombre d'ouvriers ?

P. 16. — Combien faudra-t-il de temps à un écrivain pour copier un livre de 1620 pages, sachant qu'il en fait trois par heure, et qu'il écrit 6 heures par jour ?

P. 17. — On a acheté un cheval, et pour payer on a donné trois pièces de 50^f, 6 pièces de 20^f, 28 pièces de 5^f et 40 pièces de 0^{f}50^c : combien coûte ce cheval ?

P. 18. — Un homme allant à la foire, avait 84 pièces de 5^f dans sa bourse ; il a acheté 24 moutons qu'il a payés 16^{f}75^c pièce, et a encore dépensé 3^f en menus frais : quelle somme a-t-il eue de reste ?

P. 19. — Un cultivateur a conduit au marché une voiture de blé de 38 sacs, chacun de 6 doubles-décalitres, qu'il a vendu à raison de 4^{f}75^c le double-décalitre : quelle somme a-t-il dû recevoir pour son blé ?

P. 20. — Ce cultivateur en avait une autre voiture de qualité inférieure qu'il a vendue pour 688^{f}50^c. On sait que le prix de ce blé était de 4^{f}25^c le double-décalitre : on demande combien cette seconde voiture en contenait de doubles-décalitres.

P. 21. — Un fabricant de chapeaux en a vendu quatre douzaines à un marchand chapelier ;

celui-ci a payé en espèces, en donnant 14 pièces de 20^f et 64 pièces de 5^f : quel était le prix d'un chapeau ?

P. 22. — Ce marchand chapelier dit qu'il revendra ses chapeaux 15^f pièce, combien gagnera-t-il sur son marché ?

P. 23. — Un autre fabricant de chapeaux les vend en gros, à raison de 15^f pièce, et il en a vendu pour 9.000^f à un marchand chapelier : combien lui en a-t-il vendu de douzaines ?

P. 24. — Trois terrassiers ont fait une petite entreprise pour la somme de 135^f Le premier y a travaillé 18 jours, le second 26 jours et le troisième 31 jours. Le prix de la journée étant le même pour les 3 ouvriers, on demande ce qui revient à chacun.

P. 25. — On a payé 1000^f à deux personnes, de manière que la première reçut autant de pièces de 20^f que la seconde eut de pièces de 5^f : quelle somme chaque personne reçut-elle ?

IIᵉ SÉRIE.

Suite du calcul des nombres entiers et des nombres décimaux.

P. 26. — Une personne est née en 1828 : quelle âge a-t-elle en 1863 ?

P. 27. — Une autre personne a 50 ans en 1863 : en quelle année est-elle venue au monde ?

P. 28. — Louis XIV, roi de France, naquit en 1638 ; à l'âge de 5 ans, il monta sur le trône, et mourut en 1715 : On demande à quel âge il est mort et combien il a régné ?

P. 29. — L'empereur Napoléon 1ᵉʳ est né à Ajaccio, au mois d'août 1769, et il est mort à l'île Sainte-Hélène, en mai 1821 : trouver, à un mois près, à quel âge il est mort.

P. 30. — Un père de famille avait 30 ans à la naissance de son fils ; maintenant le père a 85 ans : quel est donc l'âge du fils ?

P. 31. — Dans une famille, le père et le fils ont ensemble 100 ans, et le père a 30 ans de plus que son fils : on demande l'âge de chacun.

P. 32. — Dans une autre famille, le père et le fils ont ensemble 84 ans, et le père a le double de l'âge du fils : quel est l'âge de chacun ?

P. 33. — Un père a 40 ans et son fils en a 6 : dans combien d'années le fils aura-t-il la moitié de l'âge de son père ?

P. 34. — Un vieillard a le double de l'âge de son fils : si ce vieillard avait 25 ans de moins, et son fils 13 ans de plus, ils auraient le même âge : quel est l'âge de chacun ?

P. 35. — Dans une famille, le père et le fils ont ensemble 66 ans, et si l'on ôtait 15 ans de l'âge du père pour les ajouter à celui du fils, ils auraient tous les deux le même âge : quel est l'âge de chacun ?

P. 36. — Une bonne femme achète deux pains, chacun de 3^k et demi, à 0^f·35^c· le kilogramme : sur une pièce de 5^f· qu'elle donne, quelle somme le boulanger doit-il lui rendre ?

P. 37. — La main ou le cahier de papier est de 25 feuilles, et il y a 20 mains dans une rame : combien y a-t-il de feuilles dans la rame ?

P. 38. — Il faut cinq minutes à un cul-

tivateur pour faire un sillon avec sa charrue,
et il doit labourer un champ de 96 sillons :
combien sera-t-il de temps ?

P. 39. — Il y a 60 minutes dans une heure, 24 heures dans un jour, et 365 jours dans
l'année : on demande : 1° combien il y a de
minutes dans un jour ; 2° combien il y a d'heures dans une année.

P. 40. — On demande ensuite combien il
y a de jours dans un siècle, sachant qu'un siècle est de cent ans, et que tous les quatre ans
l'année est bissextile, c'est-à-dire qu'elle a un
jour de plus que l'année ordinaire.

P. 41. — Un marchand blâtier a acheté
650 doubles décalitres de blé, à 3ᶠ·80ᶜ· le double décalitre, et sur ce blé il a gagné 260ᶠ :
combien l'a-t-il revendu le double décalitre ?

P. 42. — Un ouvrier père de famille a a-
cheté 28 doubles décalitres de méteil (mélange
de blé et de seigle) à raison de 3ᶠ·85ᶜ· le double décalitre, et il convient avec le vendeur de
le payer en quatre mois, en quatre paiements
égaux : de combien sera chaque paiement ?

P. 43. — Deux ouvriers, ayant travaillé
ensemble pendant 28 jours, ont reçu pour sa-

laire 168ᶠ·; l'un des deux gagnait 3ᶠ·25ᶜ· par jour : combien l'autre gagnait-il ?

P. 44. — Un cabaretier a acheté cinq pièces de vin de Bourgogne, chacune de 230 litres, qu'il a payé 85ᶠ· la pièce, et il le revendait en détail 0ᶠ·60ᶜ· le litre : combien a-t-il dû gagner sur ce marché, sachant que chaque pièce contenait 6 litres de lie ?

P. 45. — Un agriculteur a conduit au marché 26 sacs de blé, chacun de 6 doubles décalitres, qu'il a vendus 4ᶠ·85ᶜ· le double décalitre ; et 3 douzaines et demie de moutons qu'il a vendus à raison de 45ᶠ· la paire : quelle somme a-t-il dû recevoir pour le tout ?

P. 46. — Pour l'exploitation de son domaine, un propriétaire employait, l'année dernière, 8 domestiques, à qui il donnait 2040ᶠ· de gages ; cette année il n'en a que six, à qui il donne cette même somme : combien un domestique gagne-t-il cette année de plus que l'année dernière ?

P. 47. — Un ouvrier devait recevoir 45ᶠ· pour 18 journées de travail, mais il n'a travaillé que 15 journées et demie : combien lui doit-on ?

P. 48. — Un marchand faïencier avait acheté un mille d'assiettes à raison de 19ᶠ· le cent : il en a cassé 75 dans le transport, et a encore gagné 41ᶠ·25ᶜ· sur ce marché : combien a-t-il donc revendu chaque assiette ?

P. 49. — On a deux pièces d'étoffe de même qualité ; l'une a 6ᵐ· de plus que l'autre : la plus longue coûte 125ᶠ· et l'autre 110ᶠ· : d'après ces indications pourrait-on trouver la longueur de chaque pièce ?

P. 50. — Un négociant a acheté en fabrique 20.000 bouteilles qui lui ont coûté 3600ᶠ· d'achat ; le transport et les autres frais se sont élevés à 6ᶠ·50ᶜ· par mille et il a revendu ses bouteilles 22ᶠ· le cent : quel fut son bénéfice ?

—

IIIᵉ SÉRIE.

Suite du calcul des nombres entiers et des nombres décimaux.

P. 51. — Un ouvrier a reçu 40ᶠ· pour 16 journées de travail : quelle somme aurait-il reçue, s'il eût travaillé 24 jours de plus ?

P. 52. — On a payé 1800ᶠ· à 25 ouvriers qui ont travaillé 24 jours et 12 heures par jour : combien chaque ouvrier gagnait-il par heure ?

P. 53. — Un terrassier en 70 journées a cassé 140 mètres cubes de pierre, et ce travail lui est payé à raison de $1^f\cdot25^c\cdot$ le mètre : combien a-t-il gagné par jour ?

P. 54. — Un ouvrage a été fait en 6 jours par 15 ouvriers : combien aurait-il fallu de journées à un seul ouvrier pour le faire en travaillant également ?

P. 55. — Un fossé de périmètre autour d'une forêt a été creusé à raison de $0^f\cdot45^c\cdot$ le mètre courant, et il a coûté $802^f\cdot80^c\cdot$ à l'administration forestière : quelle était la longueur de ce fossé ?

P. 56. — Un marchand épicier a acheté 28 pains de sucre, pesant chacun 7 kilogrammes, pour la somme de $274^f\cdot40^c\cdot$: combien doit-il revendre le kilog. pour gagner $0^f\cdot10^c\cdot$ par kilogramme ?

P. 57. — En gagnant $0^f\cdot10^c\cdot$ par kilogramme, combien cet épicier gagnera-t-il sur tout le sucre dont il est question au problème précédent ?

P. 58. — Deux maçons ont fait un petit

bâtiment en 48 journées, travaillant 10 heures par jour : combien auraient-ils été de jours pour le faire, s'ils eussent travaillé 12 heures par jour ?

P. 57. — Un militaire devait être 18 jours en route, en marchant 10 heures par jour ; mais s'étant amusé, il est parti trois jours plus tard : combien a-t-il dû marcher d'heures par jour pour faire sa route dans le délai voulu ?

P. 60. — Un écrivain est chargé d'une expédition qui exigerait 8 journées de travail, de 12 heures chacune ; mais par suite d'autres occupations pressantes, il ne peut y travailler que 4 heures par jour : dans combien de temps ce travail sera-t-il fini ?

P. 61. — Un ouvrier gagne $3^f \cdot 75^c \cdot$ par jour, et travaille régulièrement 24 jours par mois : sachant qu'il dépense en tout $180^f \cdot$ par trimestre, on demande ce qu'il a de reste à la fin de l'année.

P. 62. — Un entrepreneur a occupé 25 ouvriers pendant trois semaines ; il donnait $4^f \cdot 75^c \cdot$ à 9 d'entre eux, et $3^f \cdot 25^c \cdot$ aux autres : quelle somme lui a-t-il fallu pour les payer au bout de ce temps, sachant qu'il n'ont pas travaillé les dimanches ?

P. 63. — Cet entrepreneur a payé 110ᶠ· à son chef de chantier pour 25 journées de travail : à ce prix, combien celui-ci doit-il gagner par an, supposé qu'en moyenne, il travaille 24 jours par mois ?

P. 64. — Un père de famille gagne 4ᶠ·15ᶜ· par jour, la mère 2ᶠ·75ᶜ· et les deux enfants chacun 1ᶠ·25ᶜ·; et toute la famille dépense en tout 93ᶠ· par mois : combien ont-ils d'économie à la fin de l'année, sachant qu'ils ne travaillent en moyenne que 24 jours par mois, et qu'ils sont obligés de chômer pendant 2 mois?

P. 65. — Quelqu'un doit 1482ᶠ·, et il est convenu de payer cette somme dans l'année, en faisant un paiement chaque semaine : de combien sera chaque paiement ?

P. 66. — Huit héritiers se sont partagé une succession qu'on ne connaît pas ; on sait seulement que suivant les intentions du testateur, chacun d'eux a donné 50ᶠ· à l'église ; 40ᶠ· aux pauvres ; 20ᶠ· pour d'autres bonnes œuvres, et payé 25ᶠ· de frais ; et qu'après toutes ces distractions chaque héritier a eu 4.865ᶠ·: quel était le montant de cette succession ?

P. 67. — Un entrepreneur a occupé 12 ouvriers, sur chacun desquels il avait 0ᶠ·75ᶜ· de bénéfice par jour ; leur entreprise finie, le maître avait 315^{f.} de profit : combien ces ouvriers ont-ils travaillé de jours ?

P. 68. — Un marchand épicier a vendu 45 kilogrammes de café dans sa journée, pour la somme de 157^{f.}50^{c.}. Le quintal métrique ou les 100^{k.} lui coûtait 280^{f.}: combien a-t-il gagné sur cette vente ?

P. 69. — Le même marchand avait 14 kilogrammes de café avarié qu'il a vendu 1^{f.}50^{c.} le kilog.; et il dit que sur ce marché il a perdu 3^{f.}50^{c.}: combien lui coûtait donc le kilogramme de ce café ?

P. 70. — Un débitant de boissons avait acheté 25 pièces de vin qui lui ont coûté 80^{f.} la pièce ; il dit qu'en le revendant il a gagné 520^{f.} sur le tout : combien a-t-il revendu le litre de vin, sachant que la pièce de 230 litres contenait 6 litres de lie ?

P. 71. — Le même débitant a encore 4 pièces d'eau-de-vie, chacune de 230 litres, qui vaut 1^{f.}40^{c.} le litre ; il voudrait l'échanger pour du vin à 0^{f.}35^{c.} le litre : combien peut-il avoir de pièces de vin, de même contenance, pour son eau-de-vie ?

P. 72. — On a deux pièces d'étoffe qui contiennent chacune 30 mètres ; la première coûte 90^f· de plus que la seconde, et les deux coûtent 570^f·: quel est le prix du mètre de chaque pièce ?

P. 73. — Cinq pièces de toile de même longueur ont été vendues à raison de 2^f·05^c· le mètre : quelle était la longueur de chacune, sachant que le mètre coûtait 1^f·90^c·, et que le bénéfice total a été de 45 francs.

P. 74. — On a payé une certaine somme à trois ouvriers qui ont travaillé, savoir : le premier 5 heures ; le second 6 heures, et le troisième 9 heures. Le premier a reçu pour sa part 2^f·50^c·: on demande quelle a dû être la part des deux autres, en proportion du temps qu'ils ont travaillé.

P. 75. — Un ouvrier a reçu 104^f·50^c· pour salaire d'un certain nombre de journées de travail, et il dit que s'il eût travaillé 8 jours de plus, il aurait reçu 126^f·50^c·: d'après ces indications, on demande de trouver combien cet ouvrier gagnait par jour.

IVᵉ SÉRIE.

Suite du calcul des nombres entiers et des nombres décimaux.

P. 76. — Un robinet verse 15 litres d'eau par minute dans un bassin, et il le remplit en 3 heures et demie : quelle est la contenance de ce bassin ?

P. 77. — Un autre bassin contient 1280 litres : combien faudra-t-il de temps pour le remplir en faisant couler un robinet qui donne 50 litres d'eau en 5 minutes ?

P. 78. — Un robinet verse 88 litres d'eau en quatre minutes, et un autre 136 litres en huit minutes ; en les faisant couler tous les deux ensemble, combien leur faudra-t-il de temps pour remplir un bassin de 12.285 litres ?

P. 79. — Un récipient est alimenté par 2 robinets qui versent, le premier 12 litres d'eau par minute, et le second 18 litres ; en les faisant couler tous les deux ensemble, ils remplissent le récipient en 4 heures et demie : combien chaque robinet, en coulant séparément, mettrait-il de temps pour le remplir ?

P. 80. — Un employé a 1200ᶠ· d'appointements par an, et il dit qu'il économise 450ᶠ· : quelle est donc sa dépense journalière, l'année étant comptée de 365 jours ?

P. 81. — Un ouvrier compagnon a fait une dette de 270ᶠ·, et il ne peut s'en acquitter qu'en remboursant 15ᶠ· par mois : dans combien de temps sera-t-il quitte ?

P. 82. — J'ai 1825ᶠ· de revenu annuel, et je voudrais en économiser le cinquième : quelle doit être ma dépense journalière ?

P. 83. — Un fonctionnaire a 30.000ᶠ· de traitement annel, et en économise le quart : quelle somme lui reste-t-il à dépenser journellement ?

P. 84. — Le Ministre de la guerre a accordé 8725ᶠ· de gratification à un bataillon qui s'était distingué : les 14 officiers ont pris chacun 260 francs, et 450 soldats se sont partagé le reste : quelle a été la part de chaque soldat ?

P. 85. — A la fin de l'année, un maître, en faisant le compte à un ouvrier compagnon nourri chez lui, trouva qu'il avait dépensé 460ᶠ· dans l'année, et que de cette manière, il s'était endetté de 40 francs : combien cet ouvrier gagnait-il par mois ?

P. 86. — Un ouvrier compagnon gagne 35^f· par mois, outre sa nourriture. Après avoir pourvu à son entretien, il met encore 20 francs tous les deux mois à la caisse d'épargne : on demande : 1° ce qu'il gagne par an, 2° ce qu'il dépense, 3° combien il économise.

P. 87. — Un chef d'atelier qui gagne 3^f· 50^c· par jour disait à la fin de l'année qu'il a économisé le quart de son gain, après avoir dépensé 756 francs pour son entretien : combien cet ouvrier a-t-il gagné pendant l'année, et combien a-t-il travaillé de jours ?

P. 88. — J'ai acheté une demi-douzaine de couteaux de table pour 10^f·50^c· ; une autre personne en voudrait trois douzaines et demie au même prix : que devra-t-elle payer ?

P. 89. — Un marchand coutelier avait acheté en fabrique 40 douzaines de couteaux qu'il a payés à raison de 26^f 50^c· la douzaine ; et il dit qu'il a gagné 260 francs sur ce marché : combien a-t-il donc revendu chaque couteau ?

P. 90. — Une autre fois ce même marchand avait acheté des couteaux qu'il a payés en gros 25^f·20^c· la douzaine, et qu'il a revendus en détail 2^f·75^c· pièce ; sachant qu'à ce prix il a dû gagner 195 francs sur ce marché, on demande combien il a acheté et revendu de couteaux ?

P. 91. — Un marchand de porcelaine avait acheté une grosse, c'est-à-dire douze douzaines de vases qui lui ont coûté 15^f· la douzaine. Dans le transport il en a cassé 9, et il a encore gagné 63 francs en revendant les autres : combien les a-il revendus pièce?

P. 92. — Un vigneron de mauvaise foi avait un tonneau contenant 230 litres qui était plein à moitié de vin rouge. Il en but d'abord 25 litres, et voulut ensuite le remplir pour le vendre. Pour cela, il y mit 15 seaux de vin blanc, chaque seau contenant 8 litres, et acheva de remplir le tonneau avec de l'eau : combien y a-t-il mis de litres d'eau ?

P. 93. — Un homme en mourant laissa une succession de 86.500^f·. Par son testament il a donné 5.000 francs à l'église ; 1500^f· aux pauvres ; 4000^f· pour l'instruction des enfants de sa commune, et ses 3 domestiques ont eu chacun 1200^f·. De plus, les frais de succession et autres, se sont élevés à 3600^f·; et cet homme avait huit héritiers qui se sont partagé le reste de la succession : on demande quelle fut la part de chaque héritier.

P. 94. — Pour faire une chemise, il faut 3 mètres de toile à 1^f·50^c· le mètre ; les fournitures coûtent 0^f·15^c· et la façon 1^f·35^c·: à ce prix, combien doit coûter une douzaine de chemises ?

P. 95. — On a donné une pièce de cinq francs à une servante pour aller au marché : elle doit acheter 1° deux kilogrammes et demi de viande, à 1^f·10^c· le kilogramme ; 2° un demi-kilogramme de beurre, à 1^f· 40^c· le kilogramme ; 3° des fruits pour 0^f·35^c·, et 4° des légumes pour 0^f·30^c·. Elle achètera des œufs pour le reste de la somme : le prix des œufs étant de 0^f·60^c· la douzaine, on demande combien elle pourra en acheter.

P. 96. — Un petit voiturier peut conduire par voyage un demi-million de francs, en argent monnayé : combien lui faudrait-il de voyages pour transporter le montant des contributions directes de la France, qui est d'environ un milliard et demi ?

P. 97. — Je devais mille francs, et j'ai déjà donné deux à-compte, l'un de 452^f·50^c·, et l'autre de 228^f·75^c·. On me demande du blé pour le reste de la somme : le prix du double-décalitre étant de 4^f·25^c·, combien dois-je donner de blé pour être quitte ?

P. 98. — Un ouvrier devait recevoir 66^f· pour salaire de 24 journées de travail, mais il a quitté avant d'avoir achevé son ouvrage, et n'a reçu que 49^f·50^c· : combien a-t-il travaillé de jours ?

P. 99. — Un marchand de moutons en avait acheté trois douzaines pour 700 francs ; huit de ces moutons ont péri, et il a encore gagné 49 francs en revendant les autres : combien les a-il revendus pièce ?

P. 100. — Le directeur d'une verrerie remit à un tailleur de verres une grosse de pièces de cristal pour les tailler. Celui-ci devait recevoir 2^f·15^c· pour chaque cristal qu'il taillerait convenablement ; il ne recevrait que 1^f· 25^c· pour ceux dont la taille serait défectueuse ; enfin, il devait payer 0^f·75^c· pour ceux qu'il casserait. Sur les douze douzaines, 15 cristaux présentaient des défauts dans la taille ; 8 furent cassés, et les autres bien taillés : on demande de faire le compte de cet ouvrier.

—

Ve SÉRIE.

Suite du calcul des nombres entiers et des nombres décimaux.

P. 101. — Un spéculateur avait acheté des marchandises pour 1850 francs ; et il dit que s'il les eût revendues 100 francs de plus, il aurait doublé son argent : combien les a-t-il donc revendues ?

P. 102. — Une autre fois ce spéculateur a revendu des marchandises pour 3480 francs, et s'il les eût revendues 150 francs de plus, il aurait eu un bénéfice de 1000 francs : combien les avait-il achetées ?

P. 103. — Un ouvrier drapier fait 4^m·50 centimètres de drap par jour, et il est payé à raison de 0^f·80^c· le mètre : combien lui est-il dû pour une semaine de 6 jours de travail ?

P. 104. — Un autre ouvrier est également payé à 0^f·80^c· par mètre, et pour un mois de 24 journées de travail, il a reçu 100^f·80^c· : combien en faisait-il de mètres par jour ?

P. 105. — Un particulier qui possédait 85 francs, a emprunté 1000 francs pour payer ses dettes, et après avoir acheté un cheval de 340 francs, il eut encore 35 francs de reste : quelle somme devait-il ?

P. 106. — Un coquetier avait 30 douzaines d'œufs qu'il devait vendre 0^f·70^c· la douzaine ; mais il en a perdu ou cassé 2 douzaines : combien doit-il vendre ceux qui lui restent pour ne rien perdre ?

P. 107. — Un marchand tailleur a une pièce de drap de 38 mètres, qui lui coûte 23 francs le mètre. Avec ce drap, il fera 8 redingotes qu'il vendra 65 francs pièce, et 14 habits à 54 francs l'un. Les fournitures lui coûtent 9^f·50 centimes par redingote, et 7^f·50 centimes par habit : quel sera son bénéfice brut en y comprenant la façon ?

P. 108. — Un maquignon a acheté des chevaux pour 16.640 francs, et en les revendant immédiatement pour 17.290 francs, il dit qu'il a gagné 25 francs par tête : combien a-t-il acheté de chevaux, et combien les a-t-il payés et revendus chacun ?

P. 109. — Un ébéniste dit qu'il a gagné 1314 francs dans son année, et qu'il a mis de côté un franc par jour : combien cet ouvrier dépensait-il journellement, l'année étant comptée de 365 jours ?

P. 110. — Un épicier vend du sucre à 1^f·60^c· le kilogramme, et du café à 3^f·25 centimes. Dans une journée il a vendu de ces deux denrées pour la somme de 88 francs, et l'on sait qu'il y avait 22 kilogrammes et demi de sucre : combien a-t-il vendu de café ?

P. 111. — Un père de famille a acheté du blé à deux fois différentes et au même prix. Il en acheta d'abord pour 85 francs, et ensuite pour 119 francs ; sachant que la seconde fois il en eut 8 doubles décalitres de plus que la première, trouver combien il en a acheté de doubles décalitres en tout.

P. 112. — Deux pères de famille ont a-
cheté ensemble une pièce de toile de 95 mètres,
pour la somme totale de 133 francs : quelle
quantité chacun d'eux doit-il avoir en se la
partageant, le premier ayant payé 81^f·20 centimes, et le second devant donner le reste de
la somme ?

P. 113. — Un libraire a acheté 25 milliers
de plumes qu'il a payées, savoir : la moitié à 9
francs le mille, et l'autre moitié à 1^f·10^c· le
cent : combien lui coûte le tout ?

P. 114. — Un marchand a acheté en fabrique 2 pièces de drap, de différente qualité,
ayant chacune 24 mètres de longueur, pour
840 francs, et l'une des deux deux coûte 72
francs de plus que l'autre : d'après ces indications, on demande de trouver le prix du mètre
de chaque pièce ?

P. 115. — Un libraire avait acheté des
plumes à 8 francs le mille, et il dit qu'en revendant 0^f·35^c· le paquet de 25, il a gagné 90
francs : on demande de trouver combien il a
acheté et revendu de plumes.

P. 116. — Un marchand coutelier a a-
cheté en fabrique 600 couteaux de table qu'il
a payés à raison de 7^f·80 centimes la douzaine,
et il a encore reçu le treizième non compta-

ble : sachant qu'il a revendu tous ses couteaux 0^f·80 centimes pièce, on demande combien il a gagné sur ce marché.

P. 117. — Un coquetier a vendu 30 douzaines d'œufs pour 18 francs, et il dit que sur cette vente il a perdu 3 francs : combien lui coûtait donc la douzaine ?

P. 118. — Un chaufournier a acheté 4 milliers et demi de fagots, à condition d'en recevoir 4 pour cent par-dessus le marché : combien doit-il en recevoir en tout ?

P. 119. — Un bûcheron devait recevoir pour son salaire 750 fagots, estimés 80 francs le mille ; mais il voudrait des fagots à 15 francs le cent : combien doit-il en avoir de ce dernier prix ?

P. 120. — Un petit marchand acheta un cent de fagots pour 26 francs, à dessein de les revendre en détail. Il en revendit d'abord la moitié pour 14^f·30 centimes, et 3 douzaines et demie à 4^f·20 centimes la douzaine : ensuite il revendit le reste à raison de 0^f·25 centimes le fagot : quel fut le bénéfice de ce petit trafiquant ?

P. 121. — Quelqu'un a payé 697 francs, avec des pièces de cinq francs, de deux francs, de un franc et de cinquante centimes, et il y en avait un nombre égal des unes et des autres : combien y avait-il de pièces de chaque valeur ?

P. 122. — Un domestique devait recevoir 288 francs pour une année de gages, mais il a quitté avant son terme et n'a reçu que 252ᶠ· : combien de temps a-t-il servi, tous les mois de l'année étant comptés de 30 jours chacun ?

P. 123. — Un maître de pension a acheté une grosse de crayons qu'il a payés 0ᶠ·40 centimes la douzaine, et il les revend cinq centimes pièce à ses élèves : combien gagnera-t-il sur ses crayons, sachant qu'il en a donné huit à des élèves indigents ?

P. 124. — Un coquetier a acheté 40 volailles pour 50 francs, et 28 douzaines d'œufs pour 19ᶠ·60 centimes : en les revendant, il a gagné 0ᶠ·30 centimes par volaille, mais il a perdu 0ᶠ·15 centimes par douzaine d'œufs : combien a-t-il gagné ou perdu en tout ?

P. 125. — Une marchande fruitière a acheté des poires qui lui reviennent à cinq pour dix centimes, et en les revendant en détail, elle en donnait cinq pour quinze centimes, de sorte qu'elle a gagné juste 10 francs sur ses poires : combien en a-t-elle acheté et revendu ?

VIᵉ SÉRIE.

Suite du calcul des nombres entiers et des nombres décimaux.

P. 126. — Un marchand d'étoffes vend en bloc une pièce de drap de 28 mètres pour 574 francs, et il dit que sur cette vente il a 2 francs de bénéfice par mètre ; combien lui coûtait le mètre de drap ?

P. 127. — Ce même marchand a acheté en fabrique de la toile pour 1075 francs, et après en avoir vendu 50 mètres pour 72ᶠ·50ᶜ·, il dit qu'il gagne 0ᶠ·20 centimes par mètre : d'après cela, on demande de trouver combien il en a acheté de mètres.

P. 128. — Un autre marchand avait acheté 376 mètres de toile pour 488ᶠ·80 centimes, et il a cédé son marché à un de ses confrères, pour 470 mètres de calicot qu'il a vendu 1ᶠ· 10 centimes le mètre : combien a-t-il gagné sur un mètre de toile et combien en tout ?

P. 129. — Un boulanger a fourni 72 kilogrammes de pain à un boucher, et celui-ci doit lui rendre de la viande en retour : le prix du pain étant de 0ᶠ·35 centimes le kilogramme, et celui de la viande de 1ᶠ·20 centimes, on demande combien le boulanger doit avoir de kilogrammes de viande pour son pain.

P. 130. — Un rentier a un revenu annuel de 2.000 francs. Cet homme dépense 60 francs par mois pour sa nourriture ; 75 francs par trimestre pour son logement ; son habillement lui coûte 240 francs par an, et il fait encore pour 215 francs d'autres dépenses : de plus, il donne chaque dimanche $0^f \cdot 50$ centimes aux pauvres, et les fêtes il double son aumône : combien a-t-il de reste à la fin de l'année, sachant qu'un trimestre est de 3 mois, et qu'il y a 52 dimanches par an et 8 fêtes chômées ?

P. 131. — Dans une famille, le père gagne $3^f \cdot 70$ centimes par jour ; la mère $1^f \cdot 80^c$, et les deux enfants chacun $0^f \cdot 75$ centimes. La dépense totale de la famille est de 135 francs par trimestre. Ils ont acheté une maison qui leur coûte 3.500 francs en principal, plus 190 francs de frais : combien la famille sera-t-elle de temps pour payer cette dépense avec ses économies, sachant qu'elle ne travaille, en moyenne, que 24 jours par mois ?

P. 132. — On a dépensé $56^f \cdot 25$ centimes pour payer la journée de 40 ouvriers, hommes, femmes et enfants. Les hommes gagnaient chacun $1^f \cdot 80$ centimes, et les femmes $1^f \cdot 35$ centimes : on demande ce que chaque enfant ga-

gnait, sachant que sur les 40 ouvriers, il y a-
vait 17 hommes et 14 femmes.

P. 133. — Quelqu'un disait que si l'on
augmentait son revenu de 150 francs, il aurait
5 francs à dépenser par jour, et chaque dimanche il pourrait donner 1^f·25 centimes aux
pauvres : quel est donc son revenu annuel ?

P. 134. — Un moulin est mû par une machine à vapeur dont le volant fait 18 tours par
minute; et pendant que le volant fait un tour,
les meules en font cinq : combien les meules
et le volant font-ils de tours en 24 heures ?

P. 135. — Un homme charitable voulait
faire l'aumône à 12 pauvres, en leur donnant
0^f·50 centimes à chacun, mais il s'en est pré-
senté trois de plus qu'il ne comptait : quelle
somme a-t-il pu donner à chacun, n'ayant pas
dépensé davantage ?

P. 136. — Un cultivateur a récolté 2340
gerbes, et il prend deux batteurs en grange qui
en battent chacun 15 par jour : combien seront-ils de temps en travaillant régulièrement
les six jours ouvrables de chaque semaine ?

P. 137. — Les deux ouvriers précédents
ont été payés à raison de un franc la douzaine
de gerbes : combien ont-ils gagné par jour
chacun ?

P. 138. — Un marchand d'étoffes a acheté 8 pièces de toile, chacune de 46 mètres, pour 588ᶠ·80 centimes, et il a revendu cette toile à raison de 1ᶠ·85 centimes le mètre : combien a-t-il gagné ?

P. 139. — Une autre fois, ce même marchand avait acheté du drap pour 1972 francs, et il dit que s'il en eût acheté 8 mètres de plus, il aurait dû payer 2088 francs : combien lui coûtait le mètre de drap, et combien en a-t-il acheté de mètres ?

P. 140. — Un père de famille a acheté un petit cochon pour 37 francs. Pendant l'année, cet animal a consommé 8 doubles décalitres d'orge, à 3ᶠ·25 centimes le double ; 14 doubles décalitres de son, à 0ᶠ·75 centimes le double, et 16 doubles décalitres de pommes de terre, à 1ᶠ·25 centimes. Etant tué, il a fait 85 kilogrammes de viande : à combien revient le kilogramme ?

P. 141. — Quatre bûcherons ont marchandé l'exploitation d'une coupe de bois taillis, contenant trois hectares et demi. On est convenu de leur donner 0ᶠ·75 centimes par stère, et 2 francs par cent de fagots : sachant que l'hectare de bois a produit 220 stères et 1850 fagots, et que l'exploitation a duré 78 jours, on demande combien chaque bûcheron a gagné par jour.

P. 142. — Un débitant de boissons avait une pièce de vin contenant 240 litres, qui valait 0ᶠ·75 centimes le litre ; il y mit de l'eau, de manière que le litre ne lui revient plus qu'à 0ᶠ·60 centimes : combien y a-t-il mis de litres d'eau ?

P. 143. — Deux menuisiers, ayant travaillé ensemble, réglèrent leur compte chez le marchand de vin à qui ils devaient 36 francs pour 60 litres de vin qu'ils avaient bus, et l'un de ces ouvriers a dû payer 6 francs de plus que l'autre : combien avaient-ils bu de litres chacun ?

P. 144. — Un marchand fruitier achète six paniers de pommes, qui en contiennent chacun 10 douzaines, qu'il paye un franc le cent. Il les revend en détail et donne 4 pommes pour cinq centimes : quel sera son bénéfice sur ce petit marché ?

P. 145. — Ce même marchand vend des amandes qui lui coûtent 4 francs le mille, et il en donne 10 pour cinq centimes : quel est son bénéfice d'une journée dans laquelle il en a vendu pour 6 francs ?

P. 146. — Un marchand de jouets d'enfants a acheté un millier d'articles qui lui coûtent 1ᶠ·30 centimes la douzaine, et il reçoit le treizième gratis : en revendant deux jouets pour 0ᶠ·25 centimes, quel sera son bénéfice sur le millier d'articles ?

P. 147. — Un ouvrier menuisier a acheté un fonds pour 1155 francs, et il a calculé qu'en gagnant 3ᶠ·50 centimes par jour, il économisera le quart de son gain ; sachant qu'il peut travailler, en moyenne, 20 jours par mois, combien, suivant son compte, lui faudra-t-il de temps pour payer sa dette ?

P. 148. — Un maître de pension avait acheté cinq milliers de plumes qu'il a payées, savoir : la moitié à 10 francs le mille, et l'autre moitié à 1ᶠ·20 centimes le cent. Il en a d'abord revendu 2 milliers à 0ᶠ·35 centimes le paquet de 25, et il a détaillé le reste en vendant trois plumes pour cinq centimes : combien a-t-il gagné sur ses plumes ?

P. 149. — Un propriétaire avait vendu 7 douzaines de moutons à un boucher, pour la somme de 1407 francs, mais celui-ci n'avait que 1139 francs. Le vendeur ne voulant pas lui faire crédit, on demande combien le boucher a pu avoir de moutons pour la somme qu'il avait de disponible, en les payant le prix primitivement fixé.

P. 150. — Un fermier voulant connaître,

à la fin de l'année, la situation de ses affaires, fit le compte suivant :

J'ai vendu 1° 172 hectolitres de blé, savoir : 10 hectolitres à 26^f·50 centimes ; 128 hectolitres à 25^f·50 centimes, et le reste à 24^f·75 centimes l'hectolitre ;

2° 680 doubles décalitres d'avoine à 1^c·20 centimes le double décalitre ;

3° 14,500 kilogrammes de foin, à 5^f·30 centimes le quintal métrique ou les cent kilogrammes ;

4° du bétail pour 1785 francs ;

et 5° d'autres denrées pour 625 francs.

Ensuite, j'ai payé 863 francs aux domestiques et ouvriers ; j'ai dépensé 475 francs pour achat de voitures, harnais et instruments ; et 740 francs pour l'entretien de ma maison et autres menues dépenses ; de plus, j'ai payé 288 francs de contributions, et j'ai essuyé des pertes pour 324 francs ;

Sachant que le prix du fermage de la métairie est de 4625 francs par an, on demande quel fut le bénéfice du fermier cette année-là.

VIIe SÉRIE.

Calcul des nombres entiers et des nombres décimaux.

P. 151. — Il faut 14 heures de marche à

un voyageur pour arriver à sa destination : en partant à cinq heures du matin, à quelle heure arrivera-t-il le soir ?

P. 152. — Une montre avance de deux minutes en trois heures. En la mettant sur l'heure précise à midi, quelle heure marquera-t-elle le lendemain, à six heures du soir ?

P. 153. — Une horloge avance d'une minute en quatre heures : en mettant cette horloge sur l'heure le dimanche, à 8 heures du matin, quelle sera l'heure précise, le dimanche suivant, lorsque cette horloge marquera de nouveau 8 heures ?

P. 154. — Une horloge mise sur l'heure, le dimanche, à 7 heures du matin, marquait 6 heures 40 minutes le surlendemain mardi, à sept heures précises du soir : de combien retarde-t-elle par heure ?

P. 155. — On sait qu'une horloge avance de six minutes par jour, et elle marque 8 heures 25 minutes, lorsqu'il est 7 heures 40 minutes : combien y a-t-il de temps qu'elle a été mise sur l'heure précise ?

P. 156. — Une montre avance de cinq minutes par jour, et une pendule retarde de trois minutes dans le même temps : quelle se—

ra l'avance de la montre sur la pendule, au bout de 15 jours ?

P. 157. — Un rentier a donné la somme de 1300 francs pour étrennes à ses 3 neveux. Le partage a été fait de telle sorte que le premier reçut le double du second, et que celui-ci eut 100 francs de plus que le troisième : quelle fut la part de chacun ?

P. 158. — Un vieillard de 80 ans accomplis estime que, depuis qu'il est au monde, il a dépensé un centime toutes les dix minutes. Voulant savoir ce qu'il a dépensé en toute sa vie, il s'adressa à un élève pour lui en faire le calcul sur cette base : sachant qu'on doit tenir compte des années bissextiles, quelle a dû être la réponse de l'élève ?

P. 159. — La circonférence ou le tour de la terre est de 40.000 kilomètres : en supposant qu'il fut possible d'aller toujours en ligne droite, combien faudrait-il de temps à un voyageur pour en faire le tour, en parcourant 4 kilomètres à l'heure, et en marchant 10 heures par jour ?

P. 160. — Dans une citadelle, 50 soldats ont des vivres pour 108 jours, mais on augmente la garnison de 625 hommes : combien les vivres dureront-ils de temps ?

P. 161. — Un boucher a acheté une paire de bœufs à raison de 125 francs les 100 kilogrammes de viande, poids net. Ces bœufs étant abattus ont produit 984 kilogrammes de viande, vendue 1f·30 centimes le kilogramme. Les peaux et autres abattis valaient encore 45f·80 centimes : quel a été le bénéfice du boucher sur cette paire de bœufs ?

P. 162. — Un maître a donné 54f·40 centimes à sa domestique pour acheter du sucre et du café, et elle doit en acheter pour une somme égale de l'un et de l'autre : le sucre étant à 1f·60 centimes, et le café à 3f·40 centimes le kilogramme, combien pourra-t-elle en avoir de kilogrammes de chaque sorte ?

P. 163. — Un marchand de bois avait une pièce de sapin de 13 mètres et demi de longueur, qu'il a fait débiter en planches. La première bille ou tronce avait 4 mètres de long, et a produit 14 planches ; la seconde bille de 4m·25 centimètres de long a donné 12 planches ; enfin la troisième bille, qui avait pour longueur le reste de l'arbre, a donné 10 planches : combien cette pièce de bois a-t-elle produit de mètres linéaires de planches ?

P. 164. — Cette pièce de sapin a coûté 50 francs au marchand de bois, et le débit en planches lui revient à 0f·10 centimes le mètre courant : sachant qu'il a revendu ses planches à raison de 0ᶠ·50 centimes le mètre linéaire, quel fut son bénéfice ?

P. 165. — La fabrique d'une église a fait fondre une cloche dans laquelle le fondeur a fait entrer 860 kilogrammes de cuivre, 270 kilogrammes d'étain, 15 kilogrammes de zinc et 5 de plomb. La cloche ayant été pesée, on a trouvé que le déchet était de deux pour cent du poids des matières premières : combien cette cloche pesait-elle, et quel a dû en être le prix, le kilogramme de ce bronze étant estimé 3ᶠ· 30 centimes ?

P. 166. — Le jour d'une fête nationale, le Gouvernement a fait distribuer du vin à un corps d'armée, chaque soldat ayant une ration d'un demi-litre. La pièce de 230 litres coûtait 103ᶠ·50 centimes, et l'on a dépensé en tout 5400 francs : d'après cela, on demande de trouver le nombre de soldats composant ce corps d'armée.

P. 167. — Un épicier avait acheté 50 pains de sucre, pesant chacun 6 kilogrammes et demi, pour la somme de 598 francs, non compris le transport qui lui a encore coûté 27 francs. Mais le sucre ayant été avarié, il n'a pu le revendre que 1ᶠ·80 centimes le kilogramme : combien a-t-il perdu sur ce marché ?

P. 168. — Un homme doit mille francs, plus les intérêts d'un an, à cinq pour cent, de cette somme, et il est convenu de payer le tout dans deux années, en faisant un paiement chaque mois : de combien sera chaque paiement ?

P. 169. — Un petit marchand achète des noix à 2 francs le mille, et il les revend 0f·25 centimes le cent : quel bénéfice aura-t-il après en avoir revendu huit sacs qui en contiennent chacun deux milliers et demi ?

P. 170. — Ce même marchand avait acheté 30 sacs de pommes, qui en contenaient chacun 25 douzaines. Il les a payées à raison de 0f·75 centimes le cent, et en les revendant en détail, il en donnait 4 pour cinq centimes : combien a-t-il gagné sur ses pommes ?

P. 171. — Un terrassier a transporté 90 mètres cubes de terre, qui doivent lui être payés à raison de 0f·60 centimes le mètre cube. Cet ouvrier, travaillant 10 heures par jour, mettait cinq minutes pour charger et conduire une brouettée de terre, et faisait vingt voyages pour transporter un mètre cube : on demande combien ce terrassier a mis de journées pour faire son travail, et combien il a gagné par jour ?

P. 172. — Soixante-quatre habitants d'une commune ont marchandé avec huit ouvriers

mineurs pour creuser un puits. Ils sont convenus de donner 10 francs du premier mètre de
profondeur, 12 francs du deuxième mètre, 14
francs du troisième, etc., en augmentant de 2
francs par chaque mètre de profondeur, eu
égard à la difficulté, et ils ont trouvé l'eau à 16
mètres ; on demande 1° combien coûtera la
fouille de ce puits ; 2° combien chaque habi-
tant paiera, et 3° la part de chaque ouvrier.

P. 173. — Le Génie militaire a occupé 1250
ouvriers aux travaux de fortifications d'une ville
de guerre. Il y avait 485 maçons, 78 tailleurs
de pierre, et les autres étaient des terrassiers.
Les maçons avaient chacun 3^f·15 centimes par
jour ; les tailleurs de pierre 3^f·85 centimes et
les terrassiers 2^f·25 centimes. Tous ces ouvriers
travaillaient, en moyenne, 24 jours par mois,
et les travaux ont duré depuis le premier avril
jusqu'au dernier octobre suivant : on demande
combien ces travaux ont coûté, sachant que la
main d'œuvre des ouvriers n'a été que les deux
tiers de la dépense totale.

P. 174. — Un entrepreneur en bâtiment
a occupé un certain nombre de maçons, charpentiers et tailleurs de pierre, pendant cinq
semaines, chacune de six jours de travail. Il
payait les charpentiers 3^f·50 centimes par jour,
les maçons 2^f·75 centimes et les tailleurs de
pierre 4^f·25 centimes, et il y avait un nombre

égal des uns et des autres : on demande combien il y avait de chaque sorte d'ouvriers, sachant qu'à la fin des cinq semaines, l'entrepreneur leur devait 1890 francs pour leur salaire.

P. 175. — Quelqu'un offrait de vendre un cheval à raison d'un centime pour le premier clou des fers, deux centimes pour le second clou, quatre centimes pour le troisième, huit pour le quatrième, etc., en doublant toujours, pour chaque clou, le prix du clou précédent jusqu'au dernier. Un amateur ne s'étant pas rendu compte de ce calcul, accepta légèrement le marché : sachant que chaque fer a 7 clous, quel eût été le prix du cheval ?

VIIIe SÉRIE.

Suite du calcul des nombres entiers et des nombres décimaux.

P. 176. — Un instituteur tient les fournitures d'école pour l'usage de ses élèves, et leur vend trois plumes pour cinq centimes. A cet effet, il en acheta un mille qu'il paya 13 francs. Ne voulant point faire un commerce à bénéfices, il se propose de n'en vendre que la quantité nécessaire pour recouvrer ce qu'elles lui coûtent, et de donner le reste à des élèves indigents : sur le millier de plumes qu'il a acheté, combien doit-il en revendre, et combien peut-il en donner, ne voulant ni gagner ni perdre ?

P. 177. — Un marchand de bois a acheté les fagots de ramilles d'une coupe en exploitation. Il est convenu de les payer à raison de 48 francs le mille, à condition d'en recevoir quatre pour cent non comptables ; l'exploitation de la coupe terminée, il s'y trouve en tout 14.274 fagots : que doit-il payer ?

P. 178. — Ce même marchand dit que dans un autre marché il a acheté des fagots à 45 francs le mille, et qu'en les revendant 6$^f\cdot$50 centimes le cent ; il a gagné 375 francs : d'après ces indications, on demande de trouver combien il a acheté et revendu de fagots.

P. 179. — Un boucher a acheté une paire de bœufs qui lui ont coûté 1425 francs, et il les a nourris pendant 3 mois pour les engraisser. Pendant ce temps, ils lui ont dépensé pour 4$^f\cdot$50 centimes de nourriture par jour ; étant tués, ils ont produit 1760 kilogrammes de viande, estimée 1$^f\cdot$10 centimes le kilogramme ; les peaux et autres abattis valaient encore 44 francs : On demande ce que le boucher gagna sur cette paire de bœufs.

P. 180. — L'administration forestière a employé 36 ouvriers terrassiers qui ont travaillé 14 jours pour faire un fossé de périmètre autour d'une fôret : combien un seul ouvrier eût-il été de temps pour le faire en travaillant 24 jours par mois?

P. 181. — Un marchand de vin en a acheté trois pièces pour 180 francs. Après en avoir revendu 50 litres pour 20 francs, il dit qu'à ce prix il a gagné 0^f·15 centimes par litre : d'après ces indications, pourrait-on trouver la contenance totale des trois pièces de vin.

P. 182. — Un maître de pension fournit des plumes métalliques à ses élèves, et leur en vend quatre pour cinq centimes : on demande ce qu'il eut de bénéfice sur ses plumes pendant une année scolaire, sachant qu'il en a débité 18 boîtes, chacune de douze douzaines, qui lui coûtaient 1^f·20 centimes la boîte.

P. 183. — Un petit marchand bimbelotier tient aussi des plumes métalliques de qualité inférieure, et en donne également quatre pour cinq centimes. Un jour de foire, après en avoir vendu pour trois francs dans sa journée, il dit que sur cette vente, il a 1^f·40 centimes de bénéfice : combien, suivant son compte, doit-il payer chaque boîte contenant une grosse de plumes ?

P. 184. — Un marchand de rouennerie a acheté en fabrique un solde considérable de calicot madapolam ; et il dit que d'après le calcul qu'il en a fait, en revendant son calicot 1^f·30 centimes le mètre, il gagnera 2740 francs ; et s'il ne le revend que 1^f·40 centimes, il n'aura que 1370 francs de bénéfice : combien ce marchand a-t-il acheté de mètres de calicot, et combien l'a-t-il payé le mètre ?

P. 185. — Un ouvrier terrassier avait entrepris la fouille d'un puits de 15 mètres de profondeur, pour la somme de 300 francs, mais il a abandonné son travail à 11^m·50 centimètres de profondeur ; et au lieu de payer cet ouvrier en proportion du prix fixé pour l'ouvrage total, on lui a retenu le cinquième de son travail, comme n'ayant pas fait le plus difficile : quelle somme revenait-il à cet ouvrier ?

P. 186. — Un propriétaire a un pré de 82 mètres de long, sur 38 mètres de large qu'il veut faire entourer d'un fossé. Il a marchandé avec quatre terrassiers qui sont convenus de le creuser à raison de 0^f·40 centimes le mètre courant : sachant qu'ils ont mis 10 journées pour faire ce travail, on demande ce que chaque ouvrier a gagné par jour.

P. 187. — La douzaine de poires coûte

autant qu'une douzaine et demie de pommes,
et trois pommes coûtent cinq centimes : on demande le prix d'un cent de poires.

P. 188. — Un propriétaire a un pré régulier rectangulaire de 317 mètres de long sur
144^m·50 centimètres de large qu'il veut entourer de peupliers plantés à 3^m·25 centimètres
de distance l'un de l'autre : combien lui faudra-t-il de peupliers ?

P. 189. — Ce propriétaire paie les peupliers 18 francs le cent à un pépiniériste, et
pour les planter il prend un jardinier à qui il
donne 2^f·50 centimes par jour, cet ouvrier pouvant en planter et buter 50 dans sa journée :
combien le propriétaire dépensera-t-il pour
l'achat et la plantation de ces peupliers ?

P. 190. — Un petit marchand vend deux
boîtes d'allumettes pour cinq centimes, et elles
lui coûtent 1^f·75 centimes le cent : combien
doit-il en vendre de boîtes par jour, pour gagner sa dépense de nourriture et d'entretien qui
est de 1^f. 65 centimes ?

P. 191. — Un rentier charitable consacre
le dixième de son revenu en œuvres de bien-
faisance, et en dépense les soixante-quinze cen-
tièmes ; après cela, il économise encore 678
francs par an : quel est donc son revenu annuel ?

P. 192. — Un père de famille a acheté une première fois 16 doubles décalitres de blé et 12 d'orge pour 98 francs ; une seconde fois, il en a encore acheté 16 de blé et 6 d'orge pour 83 francs : on demande de trouver le prix du double décalitre de chacune de ces deux espèces de céréales.

P. 193. — Un ouvrier charpentier a travaillé pendant deux mois avec son fils chez le même patron. Le premier mois, pour 15 journées du père et 24 du fils, ils ont reçu 154^f·50 centimes; le second mois, pour 25 journées du père et 18 du fils, ils ont reçu 175^f·50 centimes. D'après ces indications, on demande de trouver le prix de la journée de chacun ?

P. 194. — Un ouvrier compagnon s'était engagé à travailler chez un maître, pendant une année, et 24 jours par mois, à raison de 3^f·50 centimes par jour ; sous la réserve que le maître lui retiendrait le prix d'un quart de journée pour chaque journée manquée. A la fin de l'année, le décompte de l'ouvrier se montait à 946^f· 75 centimes, déduction faite de la retenue : combien avait-il travaillé de jours ?

P. 195. — Un instituteur a dans son école 51 élèves de deux catégories ; ceux de la première paient 1^f 50 centimes par mois, et ceux de la seconde, 1 franc : sachant que la recette mensuelle est de 60 francs, on demande quel est le nombre d'élèves de chaque catégorie.

P. 196. — Un fermier revenant du marché, dit qu'il a vendu 38 hectolitres de blé et d'orge pour 700 francs : combien ce fermier avait-il d'hectolitres de ces deux espèces de céréales, le cours du blé étant de 23^f· 50 centimes l'hectolitre, et celui de l'orge de 15^f·75 centimes ?

P. 197. — Un cultivateur conduisant des moutons à la foire, disait : si je vends mes moutons 20 francs pièce, je pourrai acheter un cheval, et avoir 90 francs de reste ; mais si je ne les vends que 18 francs, en achetant ce cheval, je n'aurai que 6 francs de reste : quel était le prix du cheval, et combien ce cultivateur avait-il de moutons ?

P. 198. — Un homme charitable veut faire l'aumône à un certain nombre de pauvres. En donnant 0^f·50 centimes à chacun, il lui manquera 0^f·75 centimes ; et s'il ne leur donne que 0^f·45 centimes, il lui restera 0^f·15 centimes : combien y a-t-il de pauvres, et quel est le montant de son aumône ?

P. 199. — Un taillandier a acheté une égale quantité de fer fin et d'acier, et il en a eu en tout 68 kilogrammes pour 84^f· 60 centimes : le prix de l'acier étant le triple de celui du fer, on demande le prix du kilogramme de chaque sorte.

P. 200. — Un fermier, pour se libérer envers son propriétaire, lui offre un cheval ou une paire de bœufs, ces trois bestiaux estimés ensemble 1040 francs. Si le fermier donne le cheval, il redevra encore 70 francs ; et s'il donne les bœufs, le propriétaire devra lui rendre 10 francs : on demande 1° ce que doit le fermier, 2° le prix du cheval, et 3° celui de la paire de bœufs.

IXᵉ SÉRIE.

Calcul des unités du Système métrique.

P. 201. — On a vendu six décimètres de ruban pour 1ᶠ·50 centimes : quel est le prix du mètre ?

P. 202. — Le prix d'un mètre de drap est de 16 francs ; j'en voudrais seulement avoir vingt-cinq centimètres : que dois-je payer ?

P. 203. — On a payé 20 francs pour vingt-cinq centiares de pré : quel est le prix de l'are et de l'hectare ?

P. 204. — Quel est le prix de 38 doubles décalitres de blé, à raison de 18 francs l'hectolitre ?

P. 205. — Que doit-on payer pour 28 hectolitres 6 litres d'eau-de-vie, à 4f·15 centimes le litre ?

P. 206. — Un marchand de blé en a acheté 84 hectolitres et demi, à 3f· 80 centimes le double décalitre : quelle somme doit-il payer ?

P. 207. — Ce marchand en a acheté une autre fois 58 doubles décalitres pour la somme de 214f·60 centimes : quel était le prix de l'hectolitre ?

P. 208. — Un marchand de blé en a 945 hectolitres en magasin, et pour expédier ce blé, il veut le mettre dans des sacs contenant chacun 5 doubles décalitres 8 litres : combien lui faudra-t-il de sacs ?

P. 209. — On sait que 15 litres de faîne donnent un litre d'huile : quelle quantité de faîne doit approvisionner un particulier qui voudrait remplir de cette huile un baril de 80 litres ?

P. 210. — L'hectolitre de noix peut donner 15 kilogrammes d'huile, et le litre de cette huile pèse 925 grammes : combien aura de litres d'huile un propriétaire qui a récolté 14 hectolitres 8 décalitres de noix ?

P. 211. — Une laitière vend son lait 0ᶠ· 15 centimes le litre, et elle en fournit chaque jour 2 litres 4 décilitres à une famille : comme elle est payée chaque dimanche, combien lui doit-on ce jour-là pour sa fourniture de lait pendant les sept jours de la semaine ?

P. 212. — Dans une fabrique de pointes, on a du fil de fer pesant 162 grammes 5 décigrammes le mètre courant, qui est destiné à faire des pointes de 0ᵐ. 045 millimètres de longueur : combien un rouleau de ce fil de fer pesant 17 kilog. 55 produira-t-il de douzaines de pointes ?

P. 213. — Un cabaretier a acheté huit pièces de vin de Bourgogne, chacune de 230 litres, qu'il a payé à raison de 40 francs l'hectolitre ; le transport et les droits lui ont encore coûté 13 francs par pièce : combien son vin lui coûte-t-il en tout ?

P. 214. — Un roulier veut entrer en ville avec 36 pièces de vin, contenant chacune deux hectolitres un quart : le prix d'octroi étant de 20 francs par hectolitre, on demande combien coûtera l'entrée de ce vin.

P. 215. — Un plancher est composé de 25 vieilles planches ayant chacune 0^m·28 centimètres de largeur ; on veut les remplacer par des planches neuves dont la largeur n'est que de sept centimètres : combien en faudra-t-il de ces dernières ?

P. 216. — Un limonadier a acheté cinq barriques de liqueur, chacune de 120 litres, qu'il a payée à raison de 180 francs l'hectolitre, et il dit qu'en la revendant, il a gagné 300 francs sur le tout : combien l'a-t-il revendue le litre ?

P. 217.. — Un fermier a conduit au marché 56 sacs de blé, contenant chacun 6 doubles décalitres : quelle somme a-t-il dû recevoir, ayant vendu son blé à raison de 25 francs l'hectolitre ?

P. 218. — Ce fermier a fait un autre marché ; il a vendu 15 hectolitres et demi de blé pour la somme de 302^r·25 centimes ; quel était le prix de l'hectolitre et du double décalitre ?

P. 219. — Un autre cultivateur a vendu une voiture de blé pour la somme de 442 francs : on demande combien cette voiture en contenait de doubles décalitres, le cours du blé étant de 26 francs l'hectolitre ?

P. 220. — J'avais acheté sept mètres et

demi de drap pour 120 francs ; mais le marchand s'étant trompé en mesurant, il en manquait cinq centimètres : quelle somme le marchand doit-il me rendre ?

P. 221. — Une bonne femme voulant acheter de l'étoffe, il lui manquait cinquante centimes pour en avoir un mètre ; de sorte que pour l'argent qu'elle possédait, elle ne put en recevoir que $0^m \cdot 90$ centimètres : quel était le prix du mètre de cette étoffe ?

P. 222. — Deux troupes de terrassiers ont entrepris la construction d'un chemin vicinal de 18 kilomètres de longueur. Elles ont commencé chacune à une extrémité du chemin ; la plus forte troupe peut faire 14 mètres par jour, l'autre n'en fait que 11 : en supposant que tous ces ouvriers travailleront en moyenne 24 jours par mois, après combien de temps les deux troupes se rencontreront-elles ?

P. 223. — Deux voyageurs partent en même temps de Paris, pour se rendre dans une ville étrangère, distante de 135 myriamètres de Paris. Le premier fait 4 kilomètres et demi par heure ; le second 4 kilomètres un quart ; et tous les deux marchent 12 heures par jour ; combien mettront-ils de temps l'un et l'autre pour faire ce trajet ?

P. 224. — Un chasseur paie 12 francs le kilogramme de poudre de chasse, et il charge 12 coups avec un demi-hectogramme : quel est le prix de la poudre employée pour un coup de fusil ?

P. 225. — On estime qu'il faut 180 kilogrammes de foin pour nourrir cinq chevaux pendant quatre jours : combien un agriculteur doit-il en approvisionner de quintaux métriques pour nourrir 20 chevaux pendant un an ?

Xᵉ SÉRIE.

Suite du calcul des unités métriques.

P. 226. — Une route longue de 18 kilomètres 48 décamètres est bordée des deux côtés d'arbres plantés à $8^m{\cdot}25$ de distance l'un de l'autre : combien y a-t-il d'arbres en tout sur cette route ?

P. 227. — Un voyageur a compté 750 pieds d'arbres d'un seul côté d'une route longue de 36 kilomètres, et il n'était encore qu'au tiers de son chemin : à quelle distance ces arbres sont-ils l'un de l'autre, sachant qu'ils sont également espacés des deux côtés, sur toute la longueur ?

P. 228. — Un train-poste parcourt 750 mètres par minute sur le chemin de fer de Paris à Lyon : combien met-il de temps pour franchir la distance qui sépare ces deux villes qui est de 50 myriamètres et demi ?

P. 229. — Le pas ordinaire de l'homme est de 0ᵐ·80 centimètres ; d'après cela, combien un voyageur doit-il mettre de temps pour parcourir une route de 40 kilomètres, en faisant 100 pas par minute ?

P. 230. — Le kilogramme de sucre coûtant 1ᶠ·60 centimes : combien peut-on en avoir pour 0ᶠ·40 centimes ?

P. 231. — Un cabaretier a acheté douze pièces de vin contenant chacune 230 litres, et ce vin lui revient à 25 francs l'hectolitre : sachant qu'il le revend 0ᶠ·35 centimes le litre, combien gagnera-t-il sur son marché ?

P. 232. — Ce même débitant a encore fait deux autres marchés : dans le premier, il a acheté 10 hectolitres 8 décalitres de vin pour 432 francs ; dans le second, il en a acheté 15 pièces contenant chacune 2 hectolitres 2 décalitres 8 décilitres pour 1324ᶠ·80 centimes : quel est le vin le plus cher ?

P. 233. — Un distillateur a deux pipes

d'eau-de-vie, l'une de trois hectolitres et demi ;
l'autre de trois hectolitres quatre décalitres ;
cette eau-de-vie est estimée 1f·40 centimes le
litre, et il voudrait la changer pour du vin qui
vaut 35 francs l'hectolitre : combien peut-il a-
voir de pièces de vin pour son eau-de-vie, la
pièce étant de 230 litres ?

P. 234. — Ordinairement une gerbe de
blé produit 15 litres de grain et 12 kilogrammes de paille : à ce prix, quelle est donc la
valeur d'une récolte de 5500 gerbes, si le blé
vaut 22 francs l'hectolitre, et la paille 2f·50
centimes le quintal métrique ?

P. 235. — Un cultivateur a conduit trois
voitures de blé au marché, chaque voiture
contenant 28 sacs, chacun de 4 doubles décalitres 5 litres ; et il a vendu son blé à raison de
23 francs l'hectolitre : on demande de faire son
compte.

P. 236. — Un fermier possédait un troupeau de 145 moutons ou brebis, et 68 agneaux
de l'année. Lors de la tonte, il se trouva que
47 moutons ou brebis avaient donné chacun,
en moyenne, 2 kilogrammes 4 décagrammes
de laine en suint, c'est-à-dire non lavée : les
autres ont donné chacun 1 kilog. 8 hectog.
et les agneaux, chacun 83 décagrammes. Le
fermier vendit toute cette laine brute au prix

unique de 3^f·25 centimes le kilogramme : quelle somme retira-t-il de la tonte de son troupeau ?

P. 237. — Un cultivateur estime qu'un cheval consomme 8 litres d'avoine par jour, 80 kilogrammes de foin par semaine, 18 bottes de paille, chacune de 10 kilogrammes, par mois; de plus, que le ferrage coûte 20 francs par an. En évaluant l'avoine à 5^f·50 centimes l'hectolitre, le foin à 6 francs le quintal, et la paille à 35 francs les mille kilogrammes, on demande ce que coûte par an l'entretien d'un cheval, déduction faite de la valeur de 14 mètres cubes de fumier, estimé 8 francs le mètre.

P. 238. — Un limonadier a acheté deux fûts de liqueur, l'un de 2 hectolitres 12 litres, et l'autre de 2 hectolitres 4 décalitres. Cette liqueur lui revient à 160 francs l'hectolitre ; bien qu'il en ait perdu 24 litres, il dit qu'il a encore eu 304 francs de bénéfice brut en la revendant : combien a-t-il revendu le litre de liqueur ?

P. 239. — Un marchand de vin en a acheté cinq pièces pour 414 francs. La première contient 235 litres ; la seconde 228 litres 5 décilitres ; la troisième 234 litres 8 décilitres ; la quatrième 226 litres 7 décilitres ; on sait qu'il a payé ce vin à raison de 36 francs l'hectolitre. D'après ces indications, pourrait-on trouver la contenance de la cinquième pièce ?

P. 240. — Un distillateur a vendu 6 hectolitres 4 décalitres d'eau-de-vie à un cafetier, au prix de 190 francs l'hectolitre. Celui-ci la revendit en détail aux consommateurs, en leur mesurant 16 petits verres dans un litre : on demande quel était le prix d'un petit verre, sachant que le cafetier, après avoir débité son eau-de-vie, eut un bénéfice brut de 320 francs.

P. 241. — Un débitant d'eau-de-vie en a acheté une pièce de 230 litres, qui lui revient à 116 francs l'hectolitre. Il la revend en détail à 0^{f}15 centimes le petit verre qui contient six centilitres un quart : quel sera son bénéfice après avoir payé les droits de débit, qui sont de 15 pour cent du prix de vente ?

P. 242. — Un autre débitant a acheté une pièce de vin de Bourgogne, contenant 230 litres, qu'il a payée à raison de 45 francs l'hectolitre. Il a transvasé ce vin dans un fût de 2 hectolitres et demi, et acheva de le remplir avec de l'eau : sachant qu'il a revendu 0^{f}70 le litre de mélange, on demande ce qu'il a gagné sur cette pièce de vin, après avoir payé les droits de débit de 15 pour cent du prix de vente ?

P. 243. — Chaque soldat d'une garnison consomme huit hectogrammes et demi de pain par jour ; en 25 jours, la garnison entière en a mangé 53.125 kilogrammes : de combien d'hommes est-elle composée ?

P. 244. — Un épicier a acheté un baril d'huile d'olive, pesant brut 152 kilog. 406 ; le baril vide pèse 18 kilog. 45 : le prix d'achat et les frais lui reviennent à 234ᶠ·45 centimes. Sachant que le litre de cette huile pèse 915 grammes, on demande : 1° le prix du litre, 2° celui du kilogramme.

P. 245. — Le marchand épicier dont il est question au problème précédent veut gagner 50 francs sur son baril d'huile : combien doit-il revendre le litre et le kilogramme ?

P. 246. — Un brasseur a fourni, pendant l'année, à un limonadier, 36 fûts de bière, chacun de 70 litres, à raison de 25 francs l'hectolitre. Le limonadier mit cette bière dans des bouteilles de 0ˡ·65 centilitres, qu'il vendait 0ᶜ· 35 centimes aux consommateurs : quel fut son bénéfice brut de toute l'année sur le débit de sa bière ?

P. 247. — Un cabaretier ayant acheté un convoi de vin, disait : Si je vends mon vin 0ᶜ· 50 centimes le litre, je ne gagnerai rien ; en le vendant 0ᶜ·60 centimes, j'aurai un bénéfice de 540 francs : combien ce cabaretier avait-il de pièces de vin de 225 litres chacune ?

P. 248. — Les roues d'une locomotive ont 5^m·40 centimètres de circonférence ; celle des wagons n'ont que 2^m·25 centimètres. Combien ces deux espèces de roues font-elles de tours dans le parcours d'un chemin de fer de 324 kilomètres de longueur ?

P. 249. — Un convoi à grande vitesse met huit heures pour faire ce trajet : on demande combien les roues de la locomotive et celles des wagons font de tours par minute.

P. 250. — Le Conseil municipal d'une commune se propose d'entourer le cimetière d'une grille en fer, composée de barreaux pesant chacun huit kilog. et demi. Le périmètre ou le tour de ce terrain offre un développement de 235^m·80 de longueur, et les barreaux doivent avoir un écartement de vingt centimètres, non compris leur épaisseur de 25 millimètres : on demande combien cet ouvrage coûtera, le prix du devis étant de 1^f.75 centimes le kilogramme de fer tout posé.

—

XIe SÉRIE.

Suite du calcul des unités métriques.

P. 251. — La pièce de 1 franc en argent pèse 5 grammes ; on demande le poids des piè-

ces de 2 francs, de 5 francs, de cinquante centimes et de vingt centimes.

P. 252. — Toutes ces pièces sont à neuf
dixièmes de fin, c'est-à-dire qu'elles contiennent les neuf dixièmes de leur poids d'argent
pur, et un dixième de cuivre : d'après cela, on
demande combien chaque pièce contient d'argent et de cuivre pesant.

P. 253. — On demande quelle somme représente un kilogramme d'argent monnayé.

P. 254. — La loi du 7 germinal an XI
porte que les pièces d'or de vingt francs seront
à la taille de 155 au kilogramme : quel est donc
le poids de la pièce de 20 francs ?

P. 255. — On demande quelle somme représente un kilogramme d'or monnayé..

P. 256. — Puisque le kilogramme d'or
monnayé vaut 3100 francs, et que le même
poids en monnaie d'argent ne vaut que 200
francs, combien l'or monnayé vaut-il donc de
plus que l'argent, à poids égal ?

P. 257. — Un homme de force ordinaire
peut porter 125 kilogrammes pesant : quelle
somme porterait-il en argent monnayé ?

P. 258. — Quelle somme le même homme porterait-il en or ?

P. 259. — Le budget de la France, comprenant les recettes de toute nature, est d'environ deux milliards de francs : combien faudrait-il de rouliers chargés chacun à 5.000 kilogrammes pesant, pour transporter cette somme en argent monnayé ?

P. 260. — L'épaisseur d'une pièce de cinq francs est de deux millimètres et demi : combien faudrait-il de pièces posées les unes sur les autres pour faire une pile d'un mètre de hauteur ?

P. 261. — Le diamètre de la pièce de 5 francs est de $0^m\cdot037$ millimètres, et celui de la pièce de deux francs est de $0^m\cdot027$ millimètres : on demande de faire la longueur du mètre, en mettant des pièces de cinq francs et de deux francs, à côté et à la file les unes des autres.

P. 262. — Combien faudrait-il de pièces de cinq francs, mises à la file les unes des autres pour faire le tour de la terre, qui est de 40.000 kilomètres ?

P. 263. — Un sac d'argent pèse six kilogrammes net, et il contient un nombre égal de pièces de cinq francs, de deux francs et d'un franc : on demande le montant de la somme contenue dans le sac, et le nombre de pièces de chaque espèce.

P. 264. — Quelle somme peut-on obtenir avec un lingot d'argent pur, pesant 3 kilogrammes 05415, après y avoir ajouté l'alliage voulu par la loi. On sait que le poids du cuivre est la neuvième partie de l'argent pur.

P. 265. — Dans un hôtel des monnaies, il y a un lingot d'argent pur, pesant treize kilogrammes et demi : quelle somme produira-t-il en argent monnayé, après l'avoir mis au titre légal de neuf dixièmes de fin, c'est-à-dire après y avoir ajouté l'alliage voulu par la loi ?

P. 266. — Quelle somme peut-on obtenir avec un lingot d'or pur pesant 979 grammes 8975, après l'avoir ramené au titre légal de neuf dixièmes de fin ?

P. 267. — L'administration des ponts et chaussées veut faire placer une bordure en pierre des deux côtés d'une avenue longue de trois kilomètres un quart. Les cadettes ont 0^{m}·25 de longueur, et coûtent 0^{f}·75 centimes pièce : ensuite, on doit payer 1^{f}·50 centimes par mètre courant pour la taille et la pose : on demande combien cet ouvrage coûtera.

P. 268. — Un épicier détaillant a fait l'emplette suivante :

1° une tonne d'huile de 170 litres, qu'il doit payer à raison de 90 francs l'hectolitre ;

2° 320 kilogrammes de savon de Marseille, à 85 francs le quintal ;

3° 275 kilogrammes de sucre, à 140 francs le quintal. Comme il paie comptant, le négociant lui fait une remise de deux centimes par franc : quelle somme doit-il payer ?

P. 269. — Un récipient est alimenté par trois conduites d'eau ; la première donne 3 litres 4 par minute ; la seconde, 12 litres en 5 minutes ; et la troisième, un quart d'hectolitre en 8 minutes : ces trois conduites, coulant toutes ensemble, mettent 20 heures pour remplir ce récipient : quelle en est la contenance ?

P. 270. — Un négociant de Marseille a expédié à un marchand épicier 6 barils d'huile d'olive, contenant chacun un hectolitre un quart, au prix de 165 francs les cent kilogrammes : sachant que le litre d'huile d'olive pèse 915 grammes, quelle est la valeur de cet envoi ?

P. 271. — Un négociant en grains achète en province 84 hectolitres de blé ; l'hectolitre pesant 75 kilogrammes 5, lui coûte 19ᶠ·50 centimes ; le transport par le chemin de fer, à la distance de 112 kilomètres, lui coûte 0ᶠ·15 centimes par tonne et par kilomètre ; les autres menus frais s'élèvent encore à 0ᶠ·25 centimes par sac de six doubles décalitres. Il revend son blé 28ᶠ·75 centimes le quintal : quel fut son bénéfice ?

P. 272. — Le kilogramme de dragées coûte 3 francs, et on a donné 0ᶠ·15 centimes à un enfant pour en acheter : combien doit-il en recevoir pesant pour cette somme ?

P. 273. — Un pâtre ayant laissé endommager une propriété ensemencée, dont la récolte est évaluée à 450 francs l'hectare, le garde champêtre constata que le dommage était causé sur une étendue de 8 ares 40 centiares, où il estima moitié de perte : quel devait être le montant de l'indemnité due par le pâtre au propriétaire ?

P. 274. — Un débitant de boissons achète deux fûts d'eau-de-vie, l'un de 2 hectolitres 4, l'autre de 1 hectolitre 8 litres ; il paie le premier à raison de 90 francs l'hectolitre, et le second à 75 francs. Il mélange ces deux sortes d'eau-de-vie, et vend le tout à 1ᶠ·70 centimes le litre : les droits de débit étant de 45 francs par hectolitre, quel sera son bénéfice ?

P. 275. — Un marchand blâtier a acheté

340 doubles décalitres de blé qu'il a payé à raison de 26^f·50 centimes l'hectolitre. Il le fit conduire au marché et le revendit 35 francs le quintal : quel fut le bénéfice de ce marchand, sachant que le double décalitre de ce blé pesait 15 kilog. 4, et évaluant les frais de transport et autres à la somme de 10 francs ?

XIIᵉ SÉRIE.

Suite du calcul des unités métriques.

P. 276. — Le quintal métrique de blé coûte 32^f·50 centimes : quel doit être le prix du double décalitre pesant 15 kil. 1 hectogramme ?

P. 277. — L'hectolitre d'avoine pèse 46 kilog. et demi : quel doit être le prix de l'hectolitre et du double décalitre lorsque le quintal se vend 15^f·85 centimes ?

P. 278. — L'hectolitre de graines de prairies artificielles pèse 68 kilogrammes 45, et on en a 16 litres et demi pour 14^f·85 centimes : on demande 1° le prix du litre, 2° celui du kilogramme.

P. 279. — Un cultivateur achète d'un vigneron trois pièces de vin, à 45 francs la pièce, et il lui donne, en retour, du blé qui vaut 30 francs le quintal : le double décalitre de blé pesant 15 kilog. 4, combien le vigneron doit-il en recevoir de doubles-décalitres pour son vin ?

P. 280. — Un épicier a acheté un baril d'huile d'olive contenant 1 hectolitre 2 décalitres, qu'il paie 155 francs l'hectolitre ; et il revend cette huile au poids, à raison de 0^f·20 centimes l'hectogramme : quel sera son bénéfice, le litre de cette huile pesant 915 grammes?

P. 281. — Un cultivateur a conduit au marché 20 sacs de blé, contenant chacun un hectolitre et demi. Il vendit son blé au poids, à raison de 35 francs le quintal métrique. Après en avoir pesé l'échantillon, on trouva que le double-décalitre pesait 15 kilog. 2 : faire son compte ?

P. 282. — Lé blé dont il est question précédemment a été acheté par un négociant qui a revendu la farine à raison de 60 francs le sac de 125 kilogrammes, et le son ou recoupe à 6 francs le quintal : sachant que ce négociant a dû payer le vingtième de la valeur du blé pour prix de mouture, et que le quintal de ce blé a produit 78 kilog. de farine, et 18 de son, on demande quel fut son bénéfice.

P. 283. — Un débitant de boissons a acheté un convoi de vin qui lui revient à 25 francs l'hectolitre. Il se propose de le revendre 0^f·50 centimes le litre, et il dit qu'à ce compte, il gagnera 630 francs sur le tout, après avoir payé les droits de débit qui sont de 15 pour cent du prix de vente : d'après ces indications on demande de trouver combien il a acheté de pièces de vin de 225 litres chacune.

P. 284. — Deux voyageurs partent en même temps de deux villes opposées ; le premier faisant deux kilomètres et demi par jour de plus que l'autre. Après six jours de marche, ils se sont rencontrés, et le second avait fait 60 kilomètres : d'après cela, on demande de trouver la distance entre ces deux villes.

P. 285. — Un entrepreneur de messageries a une voiture dont les roues de derrière ont 3^m·75 de circonférence, et celles de devant 2^m·25 centimètres. Dans un voyage, il a remarqué que les roues de devant ont fait 14.000 tours de plus que celles de derrière : quelle est la longueur du chemin parcouru ?

P. 286. — Un carrossier, ayant construit une voiture, dit que les roues de derrière ont 3^m·25 de circonférence, et que les roues de devant sont telles, qu'elles doivent faire 20 tours pendant que celles de derrière en feront 12 : quelle est la circonférence des roues de devant ?

P. 287. — Un vieillard, âgé actuellement de 78 ans, dit que, depuis l'âge de 18 ans, il fait usage de tabac, et il estime que jusqu'à 30 ans, il en usait, en moyenne, huit grammes par jour ; de cette dernière époque jusqu'à l'âge de 50 ans, il en consommait journellement 12 grammes ; et qu'enfin, depuis l'âge de 50 ans jusqu'à ce jour, sa consommation journalière est de quatorze grammes : sachant que le tabac lui a coûté 8 francs le kilogramme, on demande de calculer la dépense que cet homme a faite en toute sa vie pour satisfaire cette mauvaise habitude, en tenant compte, dans le calcul, des années bissextiles.

P. 288. — Un boulanger a acheté 60 sacs de farine commune, pesant chacun 125 kilog. qu'il a payée à raison de 38 francs le quintal métrique : on demande combien ce boulanger peut avoir de bénéfice brut sur ce marché, sachant que 4 kilogrammes de farine en font six de pain, et qu'il vend 0^f·15 centimes le pain d'un demi-kilogramme.

P. 289. — Un maître de forges s'est engagé à fournir 24.000 coussinets en fonte, pesant chacun 4 kilog. 45, pour la construction d'un chemin de fer, et cette fourniture doit lui être payée sur le pied de 230 francs la tonne de 1000 kilog.: le maître de forges en ayant déjà livré pour 18.013^f·60 centimes, combien lui reste-t-il encore de coussinets à livrer ?

P. 290. — Pour la fabrication d'un hectolitre de bière ordinaire, il faut 30 kilog. d'orge et 2 hectogrammes et demi de houblon. L'hectolitre d'orge pesant 57 kilog. coûte 14^f·25 centimes, et le quintal de houblon revient à 220
francs : quel est le bénéfice du brasseur, par
hectolitre de bière, en le vendant 15 francs, et
évaluant les frais de main d'œuvre, intérêts du
matériel, etc., à 4^f·50 centimes ?

P. 291. — Une propriété, nature de pré,
est estimée 30 fois son revenu net; et l'hectare
peut rapporter, année ordinaire, en foin et regain 2845 kilog. de fourrage sec, estimé 7^f·25
centimes le quintal. Les impôts et frais de main
d'œuvre sont évalués au vingtième du revenu
brut : d'après cela, combien peut-on estimer
l'hectare de ce pré ?

P. 292. — Un débitant de boissons a du
vin de Bordeaux qu'il vend un franc la bouteille de 0^l· 80 centilitres : à ce compte, combien doit-il avoir de bénéfice sur une pièce de
ce vin contenant 2 hectolitres 28 litres, qui lui
revient à 75 francs l'hectolitre, y compris les
frais, sachant que les droits de débit sont de 15
pour 100 du prix de vente, et que par suite du
collage et de la mise en bouteilles, il y a 8 litres de déchet ?

P. 293. — Un négociant a un fût plein de

vin de Bourgogne, et il dit que s'il était plein de vin de Bordeaux, il pèserait 2 kilog. 076 de plus : sachant que l'hectolitre de vin de Bourgogne pèse 99 kilog. 15, et celui de Bordeaux 99 kilog. 39, on demande de trouver la contenance du fût dont il est question.

P. 294. — Un fût plein à moitié de vin de Bourgogne pèse 851 kilog. 87, et s'il était entièrement plein, il pèserait 1625 kilog. 24 : connaissant le poids du vin de Bourgogne, indiqué au problème précédent, on demande de trouver la contenance de ce fût.

P. 295. — En physique, il est reconnu que l'élasticité des corps est telle, qu'une bille d'ivoire, en tombant sur une table de marbre, rebondit à une hauteur égale au tiers de celle dont elle est tombée : d'après cette propriété, en faisant tomber une bille sur une table, d'une hauteur de 4 mètres, à quelle hauteur s'élèvera-t-elle, après avoir touché 3 fois la table ?

P. 296. — Dans les provinces méridionales de la France, où l'on cultive l'oranger, il y a environ 480 pieds de ces arbres plantés par hectare, et chaque pied, en plein rapport, peut donner, en moyenne, 2350 oranges : quelle est donc la valeur de la récolte d'un propriétaire qui en a 1 hectare 30 ares plantés dans ces conditions, le mille d'oranges étant estimé 22 francs ?

P. 297. — Un propriétaire de Normandie a un verger de 3 hectares 80 ares, planté en pommiers, dont la récolte est destinée à faire du cidre. On sait 1° qu'il y a 75 pommiers plantés par hectare, 2° qu'un pommier en plein rapport donne, en moyenne, trois hectolitres et demi de pommes, et 3° qu'un hectolitre de pommes produit 40 litres de cidre : d'après ces évaluations, combien ce propriétaire doit-il récolter de cidre annuellement ?

P. 298. — La statistique a fait connaître qu'en France, dont la population est de 36.039.364 habitants, un individu consomme annuellement 170 litres de blé ; on sait, en outre, qu'en moyenne, il faut 2 hectolitres 8 litres de semence par hectare, et qu'on y récolte 12 hectolitres et demi : d'après ces indications, on demande 1° la quantité de blé nécessaire à la consommation et pour suffire aux semailles ; 2° quelle superficie du terrain il faudrait ensemencer pour récolter la quantité de blé trouvée.

P. 299. — On raconte qu'un roi, voulant donner une récompense à l'inventeur du jeu des échecs, celui-ci demanda un grain de blé pour la première case de l'échiquier ; deux grains pour la seconde case : quatre grains pour la troisième ; huit grains pour la quatrième case, etc., en doublant toujours le nombre de grains pour chaque case suivante, jusqu'à la dernière de l'échiquier qui en contient 64. En admettant qu'il y ait 21.500 grains de blé dans un litre, on demande combien l'inventeur aurait dû en recevoir d'hectolitres.

P. 300. — La France récoltant annuellement 11.444.780 hectolitres de blé, combien faudrait-il d'années pour obtenir, en France, la quantité ci-dessus trouvée ?

VIIIe SÉRIE.

Calcul des Fractions ordinaires.

P. 301. — Un ouvrier a reçu 2^r·40 centimes pour deux tiers de journée : combien cet ouvrier gagne-t-il par jour ?

P. 302. — Un marchand charitable avait un mètre d'étoffe, et il en a donné le tiers et le sixième : combien lui en reste-t-il ?

P. 303. — Un fermier retient à cheptel un troupeau de moutons, et après trois ans, le nombre est de 180, dont les deux tiers appartiennent au propriétaire : combien en reste-t-il au fermier retenteur ?

P. 304. — Un père de famille a besoin

de 4 mètres $\frac{1}{3}$ de drap pour habiller ses enfants, et il en a déjà 1 mètre $\frac{3}{5}$: combien doit-il encore en acheter pour compléter ce qui lui manque ?

P. 305. — Un rentier, en mourant, a laissé par testament les trois quarts de sa fortune à son frère, et trois neveux, s'étant partagé le reste, ont eu chacun 5.000 francs : quel était le montant total de la succession ?

P. 306. — Un maquignon ayant revendu un cheval pour 480 francs, dit qu'il perd le quart du prix d'achat : combien ce cheval lui coûtait-il ?

P. 307. — Une personne demande 1 mètre $\frac{5}{8}$ de ruban, et on lui en livre 1^{m} 60 centimètres : a-t-elle son compte ?

P. 308. — Un tailleur a coupé $4^{m}\cdot80$ centimètres dans une pièce de drap, et il reste encore les $\frac{4}{5}$ de la pièce : combien avait-elle de mètres de long ?

P. 309. — Un troupeau de 140 moutons a coûté 2625 francs, et l'acheteur en revendant les trois quarts de ce troupeau a recouvré le prix d'achat : combien a-t-il revendu chaque mouton ?

P. 310. — Un peintre en bâtiment aurait

pu faire les $\frac{5}{6}$ de son ouvrage dans une journée de travail ; mais il n'a travaillé que $\frac{2}{3}$ de journée : quelle partie de l'ouvrage a-t-il faite ?

P. 311. — Cet ouvrage de peinture doit lui être payé 9 francs : combien le peintre a-t-il gagné dans sa journée ?

P. 312. — Un ouvrier fait le vingtième de son ouvrage en trois quarts d'heure : combien sera-t-il de temps pour faire l'ouvrage entier ?

P. 313. — Un autre ouvrier a mis 4 journées $\frac{1}{4}$ pour faire les $\frac{2}{5}$ de son ouvrage : combien sera-t-il de temps pour faire l'ouvrage entier, et combien gagnera-t-il par jour, l'ouvrage total étant payé 34 francs ?

P. 314. — Un domestique a touché le tiers de son gage à Pâques, le quart à la Pentecôte et le sixième à Noël, de sorte qu'on ne lui redoit plus que 40 francs : combien ce domestique gagne-t-il par an ?

P. 315. — Un propriétaire possède les $\frac{5}{8}$ d'un domaine estimé 60.000 francs, et il veut vendre le tiers de sa portion : quel doit en être le prix ?

P. 316. — Un ouvrier a fait les $\frac{3}{8}$ de son ouvrage dans une semaine de six jours de travail : combien sera-t-il encore de temps pour faire le reste, en travaillant également ?

P. 317. — Deux tours sont situées à côté
l'une de l'autre ; la plus petite est égale aux $\frac{19}{34}$
de la plus grande, qui la surpasse de $2^{m}\cdot25$ centimètres : quelle est la hauteur de chacune ?

P. 318. — La population d'une ville sous
le rapport religieux est ainsi composée : les
catholiques en forment les $\frac{2}{3}$, les juifs $\frac{1}{5}$, les
protestants $\frac{1}{8}$, et les mahométants sont au nombre de 75 : on demande le chiffre total de la
population, et le nombre de catholiques, de
protestants et de juifs.

P. 319. — Un cultivateur achète un cheval et une vache pour 850 francs, et la vache
coûte les deux tiers du prix du cheval : quel
est le prix de chacun ?

P. 320. — Il faut 1 mètre $\frac{2}{3}$ de toile pour
faire une paire de serviettes, et on voudrait en
confectionner six douzaines ; combien doit-on
approvisionner de mètres de toile ?

P. 321. — Un ouvrier drapier fait $\frac{4}{7}$ de
mètre par heure, et son camarade en fait $\frac{5}{8}$:
lequel des deux travaille le plus vite, et combien en fait-il de plus que l'autre dans une
journée de 12 heures de travail ?

P. 322. — Un tisserand met une heure
trois quarts pour faire un mètre de toile, et il

en fait 8 mètres dans sa journée : à quelle heure finit-il, sachant qu'il commence à cinq heures du matin, et qu'il lui faut une heure et demie pour prendre ses repas?

P. 323. — Un père de famille boit un litre et demi de vin par jour ; la mère, trois quarts de litre, et les deux enfants, chacun un tiers de litre : combien seront-ils de temps pour boire une pièce de 245 litres ?

P. 324. — Une femme, en tricotant, fait les trois quarts d'un bas dans une journée, et elle doit en faire six paires : combien sera-t-elle de temps ?

P. 325. — Cette femme emploie de la laine qui lui coûte 6 francs le kilog., et il lui en faut un demi-kilogramme pour faire cinq bas : sachant qu'elle les revend 3^f·60 centimes la paire, combien gagne-t-elle par jour à ce petit travail ?

—

XIVe SÉRIE.

Suite du calcul des Fractions ordinaires.

P. 326. — Quel est le nombre dont le tiers et le quart font 17 ÷ ?

P. 327. — La somme de deux fractions est $\frac{5}{6}$, et l'excès de l'une sur l'autre est $\frac{3}{8}$: quelles sont ces deux fractions ?

P. 328. — Il s'en faut de $2\frac{1}{2}$ que les $\frac{5}{6}$ et les $\frac{7}{8}$ d'un nombre soient égaux : quel est ce nombre ?

P. 329. — La somme de deux nombres est 100, et en retranchant $\frac{1}{6}$ du plus grand pour l'ajouter au plus petit, ils sont égaux : quels sont ces deux nombres ?

P. 330. — Un marchand d'étoffes offre à un amateur deux pièces de même qualité ; l'une a $\frac{5}{12}$ de largeur, et l'autre $\frac{7}{16}$: laquelle doit-il préférer, et quelle est la différence des deux largeurs ?

P. 331. — Dans une machine, le pas d'une vis, c'est-à-dire l'écartement des révolutions du filet, est de $\frac{4}{5}$ de millimètre, et la vis a 0^{m}·50 centimètres de longueur : combien le filet fait-il de révolutions ?

P. 332. — Une armée ayant été défaite dans une bataille, $\frac{1}{8}$ des soldats ont été tués ; $\frac{2}{5}$ bléssés ou faits prisonniers ; $\frac{1}{20}$ ont déserté, et il s'en faut de 2.250 hommes qu'il en reste la moitié en bonne santé : quel était, avant la bataille, l'effectif de ce corps d'armée ?

P. 333. — Un employé économe met les deux tiers de ses appointements à la caisse d'épargne, et il dépense encore 45 francs par mois pour son entretien : combien cet employé gagne-t-il par an ?

P. 334. — Un ouvrier compagnon gagne 40 francs par mois, outre sa nourriture ; il dépense les $\frac{3}{5}$ de son gain pour son entretien, et en envoie le quart à ses parents : combien cet ouvrier a-t-il de reste à la fin de l'année ?

P. 335. — Un ouvrier dit que, dans une année, il a dépensé les $\frac{3}{4}$ de son gain, de sorte qu'il a économisé 247 francs ; sachant que cet ouvrier a été payé à raison de 3f·50 centimes par jour, combien a-t-il travaillé de jours ?

P. 336. — Un certain ouvrage pourrait être fait en 12 heures par un homme, en 18 heures par sa femme, et en 30 heures par leur enfant : combien mettront-ils de temps pour le faire, en travaillant tous ensemble ?

P. 337. — Un ouvrier peut faire un ouvrage en trois jours, chacun de 12 heures de travail, et son camarade le ferait en deux jours et demi : combien mettraient-ils de temps en travaillant ensemble ?

P. 338. — Un ouvrier s'est engagé à travailler chez son patron depuis les six heures un quart du matin jusqu'à sept et demie du soir, et on lui accorde trois quarts d'heure pour son déjeûner, et une heure et demie pour son diner : combien de temps cet ouvrier travaille-t-il réellement chaque jour ?

P. 339. — On demandait à un berger combien il avait de moutons, il répondit : si j'en avais la moitié, le tiers et le quart de ce que j'en ai, j'en aurais 20 de plus : combien avait-il de moutons ?

P. 340. — Un joueur, sortant du jeu, dit qu'il a perdu les trois quarts de son argent, et qu'il ne lui en reste que le tiers moins 6 francs : quelle somme avait-il en entrant au jeu, et combien a-t-il perdu ?

P. 341. — Un particulier a acheté 2 chevaux pour 980 francs ; le prix de l'un est les trois-quarts du prix de l'autre : combien coûtent-ils chacun ?

P. 342. — Un fût est rempli de vin aux $\frac{1}{5}$ de sa capacité, et il s'en faut de 1 hectolitre 4 litres qu'il soit plein en totalité : quelle est la contenance de ce fût ?

P. 343. — Une tonne d'huile est pleine aux $\frac{2}{7}$, et il y a 1 hectolitre 8 litres 5 décilitres de cette huile dans la tonne : quelle en est la capacité ?

P. 344. — Un vigneron a un fût d'une certaine contenance qui était plein de vin. Il en but d'abord les trois quarts ; ensuite il y mit le cinquième d'eau, et après cela il y avait 171 litres de liquide dans le fût : quelle en est la capacité ?

P. 345. — Un robinet verse 5 litres $\frac{1}{3}$ d'eau par minute dans un bassin qui contient 75 hectolitres 95 litres ; mais par une ouverture il en perd 3 litres $\frac{1}{4}$ en quatre minutes : en combien de temps le bassin sera-t-il plein ?

P. 346. — On demande la quantité d'eau contenue dans le bassin précédent, lorsque le robinet aura coulé deux heures et demie.

P. 347. — Deux robinets alimentent un bassin : l'un peut le remplir en 12 heures, et l'autre en 16 heures. Ce bassin a un orifice d'écoulement qui peut le vider en 8 heures : qu'arrivera-t-il si l'on fait couler ensemble les deux robinets et l'orifice ? Le bassin pourra-t-il se remplir, et en ce cas combien lui faudra-t-il de temps ?

P. 348. — Un récipient serait rempli en 4 heures par deux conduits, et l'un des deux le remplirait seul en 9 heures : combien faudrait-il de temps à l'autre pour le remplir seul ?

P. 349. — De deux robinets qui alimentent un bassin, le premier, coulant une heure, en remplirait le quart ; le second n'en remplirait que le sixième pendant le même temps : on demande en combien de temps le bassin sera rempli, en faisant couler les deux robinets à la fois.

P. 350. — On emploie trois ouvriers pour faire un ouvrage ; le premier le ferait seul en 12 jours, travaillant 10 heures par jour ; le second, dans 15 jours, travaillant 6 heures par jour ; le troisième dans 9 jours, travaillant 8 heures par jour : on demande 1° combien ces trois ouvriers mettront de temps pour faire cet ouvrage, en travaillant tous ensemble ; 2° ce que chacun en fera; et 3° ce que chacun gagnera, l'ouvrage total étant payé 216 francs.

XVe SÉRIE.

Suite du calcul des Fractions ordinaires.

P. 351. — Un tailleur a un coupon d'étoffe de 12 mètres, dont il veut faire des gilets, et chaque gilet exige $\frac{3}{8}$ de mètre : combien pourra-t-il en faire ?

P. 352. — Un ouvrier tisserand fait 8 mètres $\frac{1}{3}$ d'étoffe en 6 heures $\frac{1}{4}$; combien en fait-il de mètres par heure ?

P. 353. — Deux nombres sont tels qu'il y a 50 de différence entre eux, et que le tiers de l'un est égal au cinquième de l'autre : quels sont ces deux nombres ?

P. 354. — On a acheté six mètres $\frac{3}{4}$ de drap, à $\frac{5}{6}$ de large pour faire un tapis : combien faudra-t-il de toile à $\frac{2}{5}$ de large pour le doubler ?

P. 355. Un marchand drapier a acheté en fabrique du drap à $\frac{5}{6}$ de large, qu'il a payé **20** francs le mètre : quel sera le prix du mètre d'un autre drap de même qualité ayant $\frac{7}{8}$ de large ?

P. 356. — Un industriel avait entrepris la fourniture de 3000 mètres de drap, à $\frac{5}{4}$ de large, pour l'habillement des troupes, mais à la livraison, il se trouva que le drap n'avait pas la largeur voulue, de sorte qu'il fut obligé d'en fournir 3125 mètres : quelle était la largeur de ce dernier drap ?

P. 357. — J'avais acheté $\frac{5}{8}$ de mètre de drap, que j'ai payé à raison de **27** francs le mètre, et j'ai cédé les $\frac{2}{3}$ de mon acquisition à un de mes amis : combien m'en reste-t-il et quel a dû être le prix de la quantité cédée ?

P. 358. — Un voyageur fait 4 hectomètres
de chemin en trois minutes, et un second fait
5 hectomètres en quatre minutes : quel est celui qui marche le plus vite, et combien fait-il
de chemin de plus que l'autre dans une journée
de 8 heures de marche ?

P. 359. — Deux courriers partent ensemble de Troyes pour aller à Paris ; ces deux villes distantes de 148 kilomètres, et le premier
fait 12 kilomètres pendant que le second en
fait 9 : on demande à quelle distance de Paris
sera le second courrier, lorsque le premier ar-
rivera.

P. 360. — Un bonhomme disait : Avec
l'argent que j'ai, je peux payer le quart de mes
dettes ; en empruntant 500 francs, je m'acquitterai entièrement, et il me restera encore 20
francs : quelle somme avait-il et combien devait-il ?

P. 361. — On a du blé qui rend les $\frac{4}{5}$ de
son poids de farine ordinaire, et 2 kilog. $\frac{7}{8}$ de
cette farine en font quatre de pain : d'après
cela, on demande combien l'hectolitre de ce
blé pesant 74 kilogrammes doit rendre de kilog. de pain.

P. 362. — Un meunier a du blé pesant
75 kilog. l'hectolitre qui peut rendre les $\frac{27}{30}$ de

son poids en farine ordinaire, et cet industriel s'est engagé envers l'administration militaire à fournir 500 quintaux métriques de cette farine : combien doit-il approvisionner d'hectolitres de blé ?

P. 363. — Dans le cours d'un mois de quatre semaines de travail, un mauvais ouvrier n'a travaillé que 4 journées $\frac{1}{3}$ la première semaine ; 5 journées $\frac{5}{6}$ la semaine suivante ; ensuite 3 journées $\frac{7}{12}$; enfin 5 journées $\frac{3}{4}$. Son maître se propose, pour manque d'exactitude et d'après leurs conventions, de lui retenir un quart de journée pour chaque journée manquée des six jours ouvrables de la semaine : sachant que cet ouvrier est payé à raison de 2^f·80 centimes par jour, combien lui revient-il pour son mois, déduction faite de la retenue ?

P. 364. — Un compagnon menuisier redevait 60 francs à son maître, et pour s'en acquitter, il devait travailler à raison de 1^f·25 centimes par jour. Il travailla d'abord 18 journées $\frac{3}{4}$; une seconde fois 23 journées $\frac{1}{3}$, ensuite 8 journées $\frac{5}{12}$; après cela, il demanda son compte : quel est celui qui redevait à l'autre; et combien lui redevait-il ?

P. 365. — Un propriétaire possédait les $\frac{4}{5}$ d'une forêt, estimée 1850 francs l'hectare, et il a vendu le tiers de sa portion pour 37.000

francs : on demande 1° combien la forêt totale contient d'hectares ; 2° combien ce propriétaire en a vendu ; 3° combien il lui en reste ?

P. 366. — Trois propriétaires ont acheté
ensemble une forêt, et d'après leurs conventions, le premier devait en avoir le tiers, et le
second, le quart ; on sait que le troisième a eu
pour sa part 160 hectares 25 ares : on demande
la part deux premiers, et ce que chacun a dû
payer, la forêt totale ayant été vendue 423.060
francs.

P. 367. — Trois quarts de mètre de toile
valent 1 mètre $\frac{1}{5}$ de calicot estimé 1^{f}·20 centimes le mètre : d'après cela, combien doit coû-
ter la toile nécessaire pour confectionner une
douzaine de chemises, s'il entre 2 mètres $\frac{3}{4}$ de
toile dans chacune ?

P. 368. — Deux ouvriers mineurs de force égale, travaillant l'un après l'autre, ont
creusé un puits en 28 jours $\frac{1}{3}$, et il est reconnu
que le premier a fait les $\frac{3}{5}$ du travail : combien
chaque ouvrier a-t-il travaillé de jours ?

P. 369. — Un marchand avait une pièce
de drap, contenant 15 mètres $\frac{1}{2}$. Il en a vendu
d'abord 1 mètre $\frac{3}{4}$, ensuite 3 mètres $\frac{2}{5}$, puis 2
mètres $\frac{1}{4}$, enfin 4 mètres $\frac{1}{2}$. Combien lui en
reste-t-il, et combien l'a-t-il vendu le mètre,

sachant qu'au prix de ces 4 premiers coupons.
le reste lui rapporterait 90 francs ?

P. 370. — Anciennement l'Etat percevait
$\frac{1}{30}$ du prix des places sur les chemins de fer ;
maintemant ce droit est élevé à $\frac{1}{10}$, de sorte
que cette augmentation produit annuellement
environ 18 millions de plus pour l'Etat : d'a-
près cela, quelle serait donc annuellement la
recette totale des chemins de fer français, pour
les voyageurs seulement?

P. 371. — Un marchand d'étoffes avait de
la toile qui lui coûtait 3f·60 centimes le mètre. Il en a d'abord vendu le tiers à 4f·25 centimes le mètre, le quart à 4 francs, le cinquième à 3f·85 centimes, et le reste au prix
coûtant : sachant qu'il a gagné 66 francs sur
le tout, on demande combien il en a vendu de
mètres ?

P. 372. — Dans un terrain de 3 hectares
42 ares 20 centiares ensemencé en prairie arti-
ficielle, on estime que l'hectare a produit pour
la première coupe 13 quintaux et demi de fourrage sec ; que la seconde coupe a été les $\frac{2}{5}$ de
la première, et enfin que le regain de la troisième coupe n'a été que le tiers de la seconde :
en évaluant le fourrage à 45 francs les mille
kilogrammes, quelle est la valeur de la récolte
totale de ce terrain ?

P. 373. — On demandait à un particulier combien il avait d'argent, et il répondit : J'ai fait hier trois paiements qui montent ensemble à 395 francs : pour le premier j'ai donné le tiers de l'argent que j'avais ; pour le second, j'ai donné le cinquième, et pour le troisième paiement, j'ai donné le huitième de mon argent : on veut savoir combien il reste à cet homme, et de combien a été chaque paiement?

P. 374. — Une succession a été partagée entre six héritiers, de telle sorte que le premier a eu la moitié ; le second eut la moitié du premier ; le troisième, la moitié du second, et ainsi de suite jusqu'au sixième qui eut pour sa part 360 francs qui restaient : on demande quelle fut la part de chaque héritier, et le montant total de la succession.

P. 375. — A l'occasion d'une fête nationale, le maire d'une petite ville a fait distribuer du pain et de la viande aux indigents. La ration d'une personne adulte était de 1 kilogramme et demi de pain et $\frac{3}{4}$ de kilogramme de viande ; et il fut décidé qu'un enfant n'aurait droit qu'à la moitié de la ration d'une personne adulte. Le recensement des indigents étant fait, on trouva qu'il y avait 73 hommes, 87 femmes et 145 enfants : combien a-t-il fallu de kilogrammes de pain et de viande ?

XVIᵉ SÉRIE.

Proportions, assurances, primes, alliage.

P. 376. — Un marchand d'étoffes achète de la toile à 3ᶠ·50 centimes le mètre : combien doit-il la revendre pour gagner 20 pour cent?

P. 377. — En vendant de la toile 2ᶠ·40 centimes le mètre, un marchand dit qu'il gagne 8 pour cent : combien lui coûte-t-elle ?

P. 378. — Un négociant a acheté du vin de Champagne qu'il a payé en gros 4ᶠ·25 centimes la bouteille ; il veut le revendre avec un bénéfice de 18 pour cent : quel sera le prix de la bouteille ?

P. 379. — L'eau d'un marais salant contient 6 1/2 pour cent de son poids de sel, et le litre de cette eau pèse 1 kilog. 015 ; combien faudrait-il de litres d'eau pour obtenir un quintal de sel ?

P. 380. — Dans une saline, où l'on retire le sel de l'eau par ébullition, il y a deux sources d'eau salée, dont l'une donne 30 pour cent de son poids de sel, l'autre n'en donne que 20 pour cent. On a mélangé 650 kilogr. d'eau de la première avec 275 kilog. de la seconde : on demande combien le mélange a dû produire de kilogrammes de sel.

P. 381. — L'administration procédait à l'adjudication de travaux dont le devis estimatif montait à 34.580 francs ; un entrepreneur fit un rabais de deux et demi pour cent : à combien se trouva réduite son entreprise ?

P. 382. — Lors de la réception des travaux de cet entrepreneur, l'architecte lui fit encore, pour mal façon, une retenue de 6 pour cent sur le prix d'adjudication : quelle somme dut-il recevoir pour solde de ses travaux ?

P. 383. — Un épicier revend 276 francs une marchandise qui lui coûte 240 francs, et un drapier revend 618^f·30 ce qu'il a payé 540 francs : quel est celui qui gagne le plus proportionnellement ?

P. 384. — Un négociant ayant subi des pertes ne peut donner que 35 pour cent à ses créanciers : quelle somme pourront obtenir deux créanciers à qui il doit, savoir : au premier 13.450 francs, et au second 7.500 francs ?

P. 385. — Dans une faillite, il n'a pu être donné aux créanciers que 18 pour cent du montant de leurs créances : combien était-il dû à deux fournisseurs qui ont reçu, savoir : le premier 2925 francs, et le second 1.026 francs ?

P. 386. — Un marchand épicier achète 275 kilogrammes de savon de Marseille, au prix de 62 francs les cent kilog. Le négociant lui fait une remise de 4 pour 100 pour la tare, et de $2\frac{1}{2}$ pour 100 au comptant : quelle somme doit-il, en payant comptant ?

P. 387. — Lorsque le blé vaut 22 francs l'hectolitre, on paie $0^f \cdot 36$ centimes le kilogramme de pain : Combien doit-on payer le pain, lorsque le blé vaut $27^f \cdot 50$ centimes l'hectolitre ?

P. 388. — Un marchand charitable veut donner 12 francs aux pauvres toutes les fois qu'il gagnera 150 francs : Quelle somme leur donnera-t-il, sachant qu'il a gagné 2875 francs ?

P. 389. — Un petit marchand de mercerie tient des aiguilles qui lui coûtent 10 francs le mille, et il dit que dans ce commerce il gagne 25 pour cent : combien suivant son compte doit-il donner d'aiguilles pour cinq centimes ?

P. 390. — Un marchand ayant eu des marchandises avariées, a perdu 8 pour 0/0 sur la vente : sachant qu'il a perdu en tout 414 francs, pour quelle somme ce marchand avait-il acheté des marchandises ?

P. 391. — Un négociant a gagné 1000 francs sur une vente de marchandises, et il dit que s'il eût gagné 8 francs de plus, son bénéfice aurait été de 12 pour 0/0 du prix d'achat : combien ces marchandises lui coûtaient-elles, et combien les a-t-il revendues ?

P. 392. — Un marchand drapier a fait emplette de 320 mètres de drap qu'il a revendus pour 5888 francs, et s'il eût payé le tout 80 francs de moins, il aurait gagné 15 pour cent : combien lui coûtait donc le mètre de drap ?

P. 393. — Une maison estimée 1850 francs, est assurée contre l'incendie, à raison de 0ᶠ·70 centimes par mille d'estimation : quel est le montant de la prime que le propriétaire doit payer annuellement à la compagnie d'assurances ?

P. 394. — Un propriétaire paie 8ᶠ·85 centimes de prime pour l'assurance de sa maison, et cette assurance est faite sur le pied de 0ᶠ·60 centimes par mille : quelle est la valeur estimative de cette maison ?

P. 395. — Un fermier paie 16ᶠ·10 cen

times de prime pour l'assurance contre la grêle, de ses récoltes estimées 4.600 francs : quel est le montant, pour cent, de la prime ?

P. 396. — Une compagnie a assuré des récoltes estimées 5850 francs, à raison de $3\frac{1}{4}$ pour 0/0. Un sinistre y a causé une perte évaluée à $\frac{14}{20}$: quelle est la perte totale de la compagnie sur cette assurance, déduction faite de la prime ?

P. 397. — En alliant trois parties de zinc avec sept de cuivre, on obtient le laiton : le cuivre coûtant $2^{f\cdot}$ 90 centimes le kilog., et le zinc $0^{f\cdot}$ 90 centimes, quel doit être le prix d'un kilogramme de laiton ?

P. 398. — En alliant 12 parties d'étain avec 100 de cuivre, on obtient le bronze des canons : l'étain coûtant $2^{f\cdot}$ 60 centimes le kilog., et le cuivre $2^{f\cdot}$ 80 centimes : quel doit être le prix d'un kilogramme de ce bronze ?

P. 399. — Une statue en bronze pesant 8240 kilog. se compose de trois parties de cuivre pour une partie d'étain : en estimant le cuivre et l'étain comme au problème précédent, quelle est la valeur matérielle du bronze de cette statue ?

P. 400. — Le bronze des cloches s'obtient

par un alliage composé dans la proportion
suivante : 110 parties d'étain ; 390 parties de
cuivre ; 5 parties de zinc, et 4 de plomb :
quel poids de chacun de ces métaux faut-il
mettre dans le creuset pour fondre une cloche
de 4,000 kilogrammes ?

XVIIe SÉRIE.

Intérêts, Rentes sur l'État.

P. 401. — En combien de temps un capital placé à intérêts simples de 5 pour cent
sera-t-il doublé ?

P. 402. — On a prêté une certaine somme
à intérêts simples de 4 pour cent, de manière
que le capital était doublé lors du remboursement : pendant combien de temps a-t-elle été
placée ?

P. 403. — Un usurier avait prêté une
certaine somme à intérêts simples, de manière
qu'au bout de 20 ans, le capital était triplé :
à quel taux avait-il placé son argent ?

P. 404. — Un particulier a prêté de l'argent à un intérêt tel, que l'emprunteur, en lui
payant d'avance les intérêts de cinq ans, lui

donna les $\frac{2}{5}$ du capital : à quel taux cet argent était-il prêté ?

P. 405. — Une somme prêtée à 6 pour cent par an, a produit 252 francs d'intérêts en trois ans et demi : quelle est cette somme ?

P. 406. — A quel taux place-t-on son argent, en achetant pour 24,000 francs une maison qui rapporte 900 francs de loyer par an ?

P. 407. — Un rentier a placé 4600 francs à quatre et demi pour cent, et il ne devait toucher les intérêts simples que lors du remboursement. A cette époque il reçut en tout 6118 francs : pendant combien de temps ce capital a-t-il été placé ?

P. 408. — Un négociant avait acheté du vin à 80 francs la pièce, et deux ans plus tard, il le revendit 116 francs : combien son argent lui a-t-il rapporté d'intérêt pour cent par an ?

P. 409. — Une personne doit 1200 francs, et elle s'est engagée à payer 100 francs par mois : combien devra-t-elle en plus, à la fin de l'année, pour les intérêts calculés à 6 pour cent par an ?

P. 410. — Un chemin de fer dont les actions sont de 500 francs, a donné 42^f 50 centimes de dividende par action : à quel taux les actionnaires ont-ils placé leur argent, en prenant de ces actions ?

P. 411. — Un rentier a placé 10.000 francs, partie à 5 pour cent, et partie à 4 ½ pour cent, de manière qu'il retire 458 francs d'intérêts du capital ci-dessus : quelle partie de ce capital est donc placée à chacun des deux taux désignés ?

P. 412. — La caisse d'épargne paie l'intérêt à 4 pour cent ; de plus, cet intérêt est capitalisé tous les six mois, ce qui signifie qu'à la fin de chaque semestre, les intérêts sont calculés, et portent eux-mêmes intérêt pour le temps suivant : d'après cela, quel est, à la fin de l'année, le montant du livret d'un ouvrier qui y a déposé régulièrement 10 francs chaque mois ?

P. 413. — Un ouvrier économe met régulièrement depuis six ans, 12 francs par mois à la caisse d'épargne. Après ce temps, il veut retirer ses fonds pour acheter un établissement : quelle somme lui revient-il, les intérêts étant capitalisés tous les six mois, comme il est dit ci-dessus ?

P. 414. — Un particulier retire 963 francs de revenu annuel d'un capital de 20.000 francs, placé à intérêts, dont une partie à 4 $\frac{1}{2}$ pour cent, et l'autre partie à 5 pour cent : on demande quelle est la somme placée à chacun des taux ci-dessus désignés.

P. 415. — Un rentier dit que ses propriétés lui rapportent deux et demi pour cent de revenu net, de sorte qu'il peut dépenser 8^f 50 centimes par jour, en comptant l'année de 365 jours : d'après ces indications, on demande de trouver le montant de sa fortune.

On appelle *rentes sur l'Etat,* l'intérêt que l'on retire d'un capital prêté au Gouvernement.

Il y a deux principales rentes sur l'Etat, le 4 $\frac{1}{2}$ pour cent, et le 3 pour cent ; c'est-à-dire que, pour une somme quelconque prêtée, le Gouvernement sert 4^f 50 centimes ou 3 francs de rente. Le capital est variable, suivant le cours de la Bourse, qui règle la valeur des fonds publics, et où se négocient les rentes de toutes espèces. Ainsi, lorsqu'on dit que le 4 $\frac{1}{2}$ pour cent est à 98^f 50 centimes, cela signifie que, pour un capital de 98^f 50 centimes, on a 4^f 50 centimes de rente ; et en disant que le 3 pour cent est à 66^f 75 centimes, on doit entendre que pour un principal de 66^f 75 centimes on a 3 francs de rente. Cela compris, il s'agit de l'appliquer à quelques exemples.

P. 446. — En 1855, le Gouvernement français emprunta 750 millions de francs, et il offrit de la rente à $4\frac{1}{2}$, et à 5 pour cent. Le $4\frac{1}{2}$ pour cent était émis à 92^f· 25 centimes : à quel taux devait-on émettre proportionnellement la rente 3 pour cent ?

P. 447. — Le $4\frac{1}{2}$ pour cent étant émis au cours de 92^f· 25 centimes, quelle somme, en principal, devait-on verser pour avoir une rente de 600 francs ?

P. 448. — A cette époque, en achetant des rentes $4\frac{1}{2}$ pour cent au cours de 92^f· 25 centimes, à quel taux réel plaçait-on son argent ?

P. 449. — Un capitaliste a versé 37.555 francs pour avoir 1740 francs de rente 3 pour cent : quelle était le cours de cette rente ?

P. 420. — A quel taux réel ce capitaliste a-t-il placé son argent ?

P. 421. — Un courtier de commerce achète 2820 francs de rente 3 pour cent, au cours de 66^f· 50 centimes ; et il les revend immédiatement au cours de 66f· 75 centimes : combien a-t-il gagné ?

P. 422. — Un agent de change avait acheté 840 francs de rentes 4 ½ pour cent, au cours de 97f· 25 centimes, et il les a revendues au cours de 97f· 10 centimes : combien a-t-il perdu dans cette affaire ?

P. 423. — Un joueur de bourse achète 2.000 francs de rentes 3 pour cent, au cours de 63f· 30 centimes, et il les revend le lendemain avec un bénéfice de 400 francs : à quel cours cette rente était-elle remontée ?

P. 424. — Lorsque le 4 ½ pour cent baisse de 1 franc, quelle doit être la baisse proportionnelle du 3 pour cent ?

P. 425. — Le 3 pour cent a haussé de 1f· 25 centimes ; quelle doit être la hausse proportionnelle du 4 ½ pour cent ?

—

XVIIIᵉ SÉRIE.

Problèmes divers et de récapitulation.

P. 426. — Avec l'argent que j'ai, je peux payer le quart de mes dettes ; en empruntant 1000 francs, je m'acquitterai entièrement, et

il me restera encore 325 francs : quelle somme
ai-je, et combien dois-je ?

P. 427. — Un individu disait : Si j'avais
40 francs de plus, je paierais toutes mes dettes;
avec 20 francs de moins, je ne pourrais en
payer que le tiers : quelle somme avait-il, et
combien devait-il?

P. 428. — La somme de mille francs a été
partagée entre quatre personnes, de manière
que la première et la deuxième ensemble ont
eu 560 francs; la première et la troisième 520
francs; la première et la quatrième 440 francs :
on demande la part de chacune.

P. 429. — Trois commis veulent acheter
en société un fonds de commerce. Le premier
ne peut en payer que le quart comptant; le
second en peut payer le sixième, et le troisième
en peut payer le huitième; de sorte qu'en réu-
nissant ces trois mises, il leur manquerait encore 22,000 francs : quelle est la valeur de ce
fonds ?

P. 430. — Deux marchands qui avaient
mis 15,000 francs en société, ont gagné 1800
francs; et le gain du premier surpasse de 400
francs celui du second : on demande la mise
et le gain de chacun.

P. 431. — Trois spéculateurs s'étant associés pour une entreprise, le premier a versé au fonds social la somme de 24.600 francs, et le second 17.400 francs ; le troisième a versé une somme telle que sur le bénéfice montant à 7.200 francs, il dut avoir pour sa part 1350 francs : on demande le bénéfice des deux premiers, et la mise du troisième.

P. 432. — Un vieux rentier, en mourant, laissa une succession de 285,740 francs, à partager entre six héritiers collatéraux. Dans son testament, il inséra cette clause spéciale que ses héritiers partageraient sa succession, de manière que chacun d'eux et dans l'ordre qu'il désigna, n'eût que le tiers du précédent : comment l'exécuteur testamentaire dut-il effectuer ce partage ?

P. 433. — Un marchand fruitier a acheté une certaine quantité de pommes qu'il a payées, savoir : moitié à deux pour cinq centimes, et moitié à trois pour cinq centimes. En les revendant, il donnait cinq pommes pour dix centimes, et à ce compte il perdit 2^f 50 centimes sur son marché : combien a-t-il acheté et revendu de pommes ?

P. 434. — La garnison d'une ville de guerre est de 6250 hommes, cavalerie et infanterie. Chaque cavalier reçoit 0^f 40 centimes par jour, et un fantassin 0^f 25 centimes. La dépense journalière de toute la garnison est de 1840 francs : on demande de trouver le nombre de cavaliers et de fantassins.

P. 435. — Un pêcheur, pour encourager son fils, lui promit 0^f· 15 centimes par chaque coup de filet où il y aurait du poisson, à condition que le fils lui restituerait cinq centimes pour chaque coup qu'il ne prendrait rien. Après 100 coups de filet, le fils reçut pour récompense 9^f· 40 centimes : combien y eût-il de coups nuls ?

P. 436. — Trois ouvriers terrassiers, travaillant séparément, ont entrepris l'ouverture d'un canal pour la déviation d'un ruisseau. On sait que le premier en faisait 18 mètres en 4 jours ; le second, 20 mètres en 6 jours ; et le troisième, 16 mètres en 5 jours : le travail total ayant été payé 628^f· 90 centimes, que revient-il à chaque ouvrier ?

P. 437. — Un puits a été creusé par quatre ouvriers mineurs travaillant l'un après l'autre, et qui ont mis en tout 114 journées pour faire ce travail. Le premier de ces ouvriers gagnait 6 francs par jour ; le second, 5 francs; le troisième, 4 francs; et le quatrième, 3 francs; et, lors du paiement, il se trouva qu'ils reçurent tous les quatre la même somme: combien ces ouvriers ont-ils travaillé de jours chacun, et combien ont-ils gagné ?

P. 438. — Un corps d'armée est composé de 64.600 hommes ; la cavalerie est les deux tiers de l'infanterie; l'artillerie, les trois quarts de la cavalerie ; et le génie, le cinquième de l'artillerie : on demande l'effectif de chaque arme ?

P. 439. — Un cultivateur avait gagé un jeune berger pour un an, moyennant 110 francs et un habillement complet; mais le berger demanda son compte au bout de quatre mois, et donna 10 francs à son maitre pour avoir son habillement : quel en était le prix?

P. 440. — Un notaire avait gagé un employé pour un an, lui promettant 115 francs et un habit; mais il le congédia au bout de deux mois et demi, et lui donna pour salaire 65 francs et l'habit : quelle était la valeur de cet habit ?

P. 441. — Un particulier est sorti de chez lui avec une certaine somme. Après en avoir dépensé les trois quarts pour acheter 15 kilog. de sucre, il reçut le montant d'un billet de 25 francs, et il se trouva qu'il avait un franc de plus qu'en sortant de chez lui : quelle somme avait-il, et combien a-t-il payé le kilogramme de sucre ?

P. 442. — Une mère de famille a acheté de la toile et du calicot, et elle en a eu 15 mètres de chaque sorte pour 162 francs : sachant que trois mètres de toile sont estimés autant que cinq mètres de calicot : on demande le prix du mètre de chaque espèce.

P. 443. — Un cultivateur a acheté un cheval et une paire de bœufs ; le tiers du prix du cheval est égal au quart de celui de la paire de bœufs, et le tout lui coûte 1365 francs : on demande le prix du cheval et celui de la paire de bœufs.

P. 444. — Un écolier disait à son camarade : avant-hier, j'ai dépensé le tiers de mon argent ; hier, j'ai dépensé le quart de ce qui me restait ; enfin, aujourd'hui, j'ai dépensé les deux tiers du reste, et j'ai encore $0^f.50$ centimes : quelle somme avais-je primitivement?

P. 445. — Un berger conduit un troupeau de moutons appartenant à trois particuliers ; le premier a le quart du troupeau plus 14 moutons ; le second en a le tiers moins 8 moutons ; et le troisième en a 84 : combien y a-t-il de moutons en tout, et combien les deux premiers en possèdent-ils ?

P. 446. — Un marchand de moutons en a acheté un troupeau de trois différentes espèces pour la somme totale de 1430 francs. Ceux de la première espèce, formant le tiers de la totalité, lui coûtent 24 francs pièce; ceux de la seconde forment le cinquième du troupeau, et lui coûtent 18 francs ; enfin, le reste des moutons coûtent chacun 16 francs : on demande combien il y a de moutons de chaque espèce, et combien en tout.

P. 447. — Deux joueurs vont au jeu ayant ensemble 425 francs, et perdent 200 francs. Alors, ils comptent leur argent, et il se trouve que le premier a perdu les deux cinquièmes de son argent, et le second, la moitié du sien : combien chaque joueur avait-il en entrant au jeu, et combien a-t-il perdu?

P. 448. — Un marchand avait une pièce de drap qui lui coûtait 18 francs le mètre, et il en revendit le quart à 24 francs le mètre ; le cinquième à $22^f\cdot50$ centimes ; le sixième à $20^f\cdot15$ centimes, et le reste à $19^f\cdot50$ centimes le mètre ; alors il se trouva avoir gagné juste 100 francs sur cette pièce de drap : combien contenait-elle de mètres ?

P. 449. — Un bûcheron conduisant des fagots au marché, dit qu'un tiers de ses fagots lui coûtent $0^f\cdot30$ centimes pièce ; un quart, 3 francs la douzaine ; et le reste 24 francs le cent. Il revend tous ses fagots en bloc, à raison de 32 francs le cent, de sorte qu'il gagne $19^f\cdot32$ centimes : combien avait-il de fagots ?

P. 450. — Un fermier a employé, pour

les travaux de la moisson, deux journaliers qu'il a payés au même prix. Au premier, pour 26 journées, il a donné 9 doubles décalitres de blé et 2 francs d'argent ; au second, pour 39 journées, il a donné 6 doubles décalitres de blé et 36 francs d'argent : combien ces deux journaliers gagnaient-ils chacun par jour, et combien le fermier leur a-t-il fait payer le double décalitre de blé ?

XIXe SÉRIE.

Racine carrée et évaluations des surface.

P. 451. — Un pépiniériste veut planter 2116 arbustes dans un terrain carré, en formant des rangées parallèles : combien y aura-t-il d'arbustes sur chaque ligne ?

P. 452. — Un autre pépiniériste, voulant planter des arbustes en rangées parallèles dans un terrain carré, s'aperçut qu'en mettant un certain nombre de plants par rangée, il lui en restait 10 ; et voulant en mettre un de plus, il lui en manquait 34 : combien avait-il d'arbustes ?

P. 453. — Un propriétaire a fait planter 132 jeunes arbres fruitiers dans un verger rectangulaire dont la longueur est exactement le triple de la largeur : combien y a-t-il d'arbres sur la longueur, et combien sur la largeur, sachant qu'ils sont également espacés ?

P. 454. — On veut paver une salle d'école de 8[m]·50 centimètres de long, et 5[m]·40 centimètres de large avec des carreaux ou briques ayant 0[m]·20 centimètres d'une face, et 0[m]·15 centimètres de l'autre : combien en faudra-t-il ?

P. 455. — On veut tapisser, en papier de tenture, une salle de 12 mètres de long sur 6[m]·75 centimètres de large, les murs ayant une hauteur de 3[m]·20 centimètres. Le papier est en rouleaux de 6 mètres de long sur un demi-mètre de large : combien faudra-t-il de rouleaux de papier, sachant que les ouvertures de cette salle présentent une superficie de 9 mètres carrés, à déduire de la superficie des murs ?

P. 456. — Une salle de 9[m]·40 centimètres de long, et 6[m]·30 centimètres de large, doit être planchéiée avec des planches ayant 2[m]·35 centimètres de longueur sur 0[m]·20 centimètres de largeur. Le mètre linéaire de ces planches coûte 0[f]·65 centimes, et l'on paie 1[f]·25 centimes à l'ouvrier par mètre carré de plancher pour façon et fourniture de pointes : sachant que la mise en œuvre de ces planches nécessite un dixième de perte sur la largeur, on demande combien cet ouvrage coûtera.

P. 457. — Un jardinier a un potager de forme rectangulaire ayant $28^m \cdot 60$ centimètres de long, sur $6^m \cdot 40$ centimètres de large, mais il veut faire son potager dans un autre terrain également rectangulaire qui a $8^m \cdot 20$ centimètres de largeur : le nouveau potager devant avoir la même superficie que l'ancien, quelle en sera la longueur ?

P. 458. — Dans un jardin se trouve un parterre formant un carré parfait de $8^m \cdot 50$ centimètres de côté ; on voudrait tracer un second parterre, également carré, qui fut le double en surface du premier : quel doit être le côté du nouveau parterre ?

P. 459. — Un triangle a 24 mètres de base et $18^m \cdot 50$ centimètres de hauteur : quelle serait la hauteur d'un second triangle, double en surface, ayant 30 mètres de base ?

P. 460. — Deux propriétaires riverains voulant borner leurs propriétés, l'arpenteur trouva que l'un des deux devait rendre à l'autre une superficie de $1^a \cdot 84$ centiares : la ligne séparative des deux terrains ayant une longueur de 216 mètres, quelle largeur doit avoir la parcelle à rendre ?

P. 461. — Que faut-il payer pour la peinture des deux faces d'une porte cochère cintrée dont la partie rectangulaire a $2^m \cdot 60$ centimètres de large, et $3^m \cdot 50$ centimètres de hauteur ; la partie supérieure formant un demi-cercle parfait qui a pour diamètre la largeur de la porte, sachant que ce travail est entrepris à raison de $1^f \cdot 25$ centimes le mètre carré?

P. 462. — Un ouvrier en bâtiment a entrepris la peinture de la flèche d'un clocher de forme pyramidale à base quadrangulaire, chaque face formant un triangle de 4 mètres de base sur $11^m \cdot 50$ centimètres de hauteur : quel doit être le prix de ce travail, à raison de $1^f \cdot 75$ centimes le mètre carré, eu égard à la difficulté, et aux frais d'échaffaudage ?

P. 463. — La toiture d'un château formant pavillon se compose de deux trapèzes et de deux triangles. Chaque trapèze a pour première base ou côté, la longueur du bâtiment qui est de 36 mètres, pour seconde base, la longueur du faîte de $28^m \cdot 40$ centimètres, et la hauteur du trapèze ou largeur du pan de $12^m \cdot 20$ centimètres. Chaque triangle a pour base la largeur du bâtiment, de 18 mètres, et pour hauteur, celle des trapèzes. Cette couverture est en ardoises de $0^m \cdot 25$ centimètres sur $0^m \cdot 18$ centimètres : combien en a-t-il fallu, sachant que chaque ardoise a perdu les $\frac{2}{5}$ par le recouvrement?

P. 464. — J'ai acheté deux mains de papier de même qualité : l'un a $0^m \cdot 50$ centimètres de hauteur, sur $0^m \cdot 30$ centimètres de largeur, et je l'ai payé $0^f \cdot 75$ centimes; l'autre papier a $0^m \cdot 60$ centimètres de hauteur, sur $0^m \cdot 40$ centimètres de largeur, et il me coûte $1^f \cdot 20$ centimes : quel est le plus cher proportionnellement à sa grandeur ?

P. 465. — Un entrepreneur a acheté de deux sortes de planches qui sont de même qualité et épaisseur, les autres dimensions étant différentes. Celles de la première espèce ont $3^m \cdot 50$ centimètres de long, et $0^m \cdot 30$ centimètres de large, et il les a payées $18^f \cdot 90$ centimes la douzaine ; les autres ont $4^m \cdot 25$ centimètres de long, sur $0^m \cdot 40$ centimètres de large, et elles lui coûtent **272** francs le cent : quelles sont les plus chères, et de combien par mètre carré ?

P. 466. — Un géomètre du cadastre chargea ses deux porte-chaîne de vérifier les côtés d'un triangle ; leur opération terminée, ils rapportèrent que les côtés de ce triangle étaient de 134 mètres, 142 mètres et 278 mètres : à la vue seule de ces trois cotes, le géomètre dit qu'il y avait erreur de mesure; à quoi le vit-il ?

P. 467. — Un cultivateur doit labourer un champ de 185 mètres de long, sur 18 mètres de large. On sait que sa charrue trace un sillon de $0^m \cdot 25$ centimètres de largeur, et qu'elle marche avec une vitesse de 30 mètres par minute; de plus, il laisse reposer son attelage une minute à chaque extrémité du sillon : en arrivant sur le terrain à cinq heures du matin, à quelle heure aura-t-il fini son travail ?

P. 468. — Le maître tailleur d'un régiment a employé 320 mètres de drap pour faire un certain nombre de tuniques ; si ce drap eût eu $1^m \cdot 25$ centimètres de large, il n'en aurait fallu que $294^m \cdot 40$ centimètres : combien le drap employé avait-il de largeur ?

P. 469. — Le Gouvernement veut faire paver une chaussée longue de 12 kilomètres et demi, sur une largeur de 6 mètres. On doit employer des pavés ayant en tête $0^m \cdot 20$ centimètres sur $0^m \cdot 15$ centimètres en moyenne. Le devis estimatif porte le prix des pavés à 12 francs le cent, rendus à pied d'œuvre, et $0^f \cdot 25$ centimes par mètre carré pour la pose : on demande combien cet ouvrage coûtera ?

P. 470. — Une place publique forme un carré parfait d'une superficie de 26406 mètres carrés 25 décimètres carrés, autour de laquelle existe un trottoir d'une largeur de $3^m \cdot 50$ centimètres, et le tout est entouré d'une grille en fer : on demande la superficie du trottoir, et la longueur développée de la grille.

P. 471. — Une échelle de 8^m·50 centimètres de long est placée contre un mur, et le pied de cette échelle est à 3^m·25 centimètres du mur : à quelle hauteur atteint-elle ?

P. 472. — En donnant un mètre de plus d'écartement au pied de l'échelle dont il est question au problème précédent, de combien fera-t-on descendre l'extrémité supérieure ?

P. 473. — Un contrefort de cathédrale menaçant ruine, on fût obligé de l'étayer extérieurement. L'étai disposé obliquement devait aboutir à la retombée des arceaux, à 8 mètres de hauteur, et l'extrémité inférieure s'appuyant sur le sol, à 6 mètres du contrefort : on demande quelle a dû être la longueur de l'étai.

P. 474. — En architecture, pour les plans de constructions, on se sert ordinairement de l'échelle de 1 à 100, c'est-à-dire un centimètre par mètre : en ce cas, combien le plan est-il réellement de fois plus petit que le bâtiment qu'il représente ?

P. 475. — Dans le levé d'un plan, le géomètre s'est servi de l'échelle de 1 à 1000, c'est-à-dire un millimètre par mètre : combien ce plan est-il réellement de fois plus petit que le terrain qu'il représente ?

P. 476. — On a fait cimenter la maçonnerie d'un puits de 1ᵐ·35 centimètres de diamètre, et 14 mètres de profondeur, à 2ᶠ·50 centimes le mètre superficiel : que doit-on payer ?

P. 477. — Un questionnaire de statistique demande le nombre de choux plantés par hectare; sachant que généralement ils sont espacés d'un demi-mètre en tous sens, et les rangs extrêmes à 0ᵐ·25 centimètres des limites du terrain supposé régulier, on demande de répondre à la question.

P. 478. — Un propriétaire possède un terrain régulier, de forme rectangulaire, ayant 266 mètres de long, et 128 mètres de large. Cette propriété est entourée d'arbres à haute tige, lesquels, suivant la loi, sont plantés à deux mètres du terrain riverain ; de plus, l'intérieur de la propriété ne peut être cultivé qu'à la distance d'un demi-mètre des arbres : on demande la superficie du terrain en culture, et celle de la bordure qui l'entoure.

P. 479. — Le polygone ou champ de manœuvre d'une ville de guerre est un rectangle de 800 mètres de long, sur 650 mètres de large. N'étant pas convenablement situé, l'administration militaire propose à un propriétaire l'échange de ce terrain contre une égale superficie à prendre dans son domaine. L'échange accepté, le nouveau polygone doit être aussi de forme rectangulaire et de même superficie que l'ancien, sous la condition que la longueur soit exactement le double de la largeur : on demande quelles seront les dimensions du nouveau polygone.

P. 480. — La circonférence d'un cercle s'obtient, lorsqu'on ne veut pas un grand degré d'approximation, en multipliant son diamètre par le nombre 3,142 millièmes ; et pour avoir la superficie du cercle, il faut multiplier sa circonférence par la moitié du rayon, ce qui revient à multiplier le carré du rayon par le nombre 3,142 millièmes. Donc, si l'on connaissait seulement la superficie d'un cercle, en divisant cette superficie par 3,142, on obtiendrait le carré du rayon, et par suite les autres dimensions. Cela compris, on demande la superficie d'un cercle de 45 mètres de diamètre.

P. 481. — On demande ensuite de déterminer le diamètre et la circonférence d'un cercle de 254 mètres carrés 50, de superficie.

P. 482. — La surface d'une ellipse ou ovale s'obtient en multipliant ensemble les deux diamètres, prenant le quart du produit, et multipliant le résultat par 3 unités 142. Trouver la superficie d'une ellipse dont le grand diamètre est 12 mètres, et le petit 8^m·50 centimètres.

P. 483. — Il est démontré que la surface extérieure d'une sphère ou boule, est égale à quatre fois celle d'un cercle de même diamètre. Ainsi, la surface d'une sphère s'obtient en multipliant sa circonférence par son diamètre total, ou ce qui revient au même, en multipliant le carré de son diamètre par 3 unités 142. D'après cela quelle est la surface d'une sphère de 1^{m}·40 centimètres de diamètre.

P. 484. — Trouver la surface d'une sphère ayant 13^{m}·35 de circonférence.

P. 485. — Le globe terrestre ayant une circonférence de 40.000 kilomètres, et sa surface étant supposée régulière, trouver cette surface totale évaluée en hectares.

Remarque. Vu l'importance du calcul, on se servira pour la solution de ce problème, d'un rapport plus exact du diamètre à la circonférence, par exemple, celui de 1 à 3 unités 141593.

—

XXe SÉRIE.

Evaluation des volumes.

P. 486. — Combien y a-t-il de stères dans une pile de bois de chauffage qui a 7^{m}·40 de

longueur ; 1^m·85 de hauteur à une extrémité,
et 1^m·45 à l'autre, les bûches ayant 1^m·15 centimètres de longueur ?

P. 487. — Un marchand blâtier a un magasin de 8^m·50 centimètres de long. sur 5^m·20
centimètres de large qui est plein de blé à la
hauteur moyenne de 0^m·75 centimètres : combien en contient-il d'hectolitres ?

P. 488.. Un cultivateur a fait creuser un
silo ayant 3^m·50 de long, 2 mètres de large,
et 3^m·30 de profondeur, qu'il a entièrement
rempli de pommes de terre : combien en con-
tenait-il d'hectolitres ?

P. 489. — Un autre cultivateur a récolté
264 hectolitres de pommes de terre, et il veut
les mettre dans un silo pour les conserver :
comme il ne peut disposer que d'un petit coin
de terre de 2^m·50 de long, sur 2^m·20 de large,
on demande quelle profondeur il devra donner
à son silo pour contenir cette quantité de pommes de terre.

P. 490. — Un cultivateur commande une
boîte carrée de 0^m·40 centimètres de côté,
devant contenir juste un hectolitre, pour lui
servir de mesure : quelle hauteur doit-on donner à la boîte, toutes les dimensions étant me-
surées intérieurement ?

P. 491. — L'ouvrier chargé de construire la boîte dont il est question, s'étant trompé sur la hauteur, cette boîte contenait 8 litres de plus que l'hectolitre : combien avait-elle de hauteur de trop ?

P. 492. — On a observé que, sur une masse d'eau, le soleil en fait évaporer, par jour, une couche d'un demi-millimètre d'épaisseur : quelle quantité d'eau s'évaporerait donc par jour, sur une rivière ayant 185 kilomètres de parcours, et 18 mètres de largeur moyenne ?

P. 493. — Un vigneron a une cuve dont le diamètre supérieur est de $1^m \cdot 80$; le diamètre inférieur de $1^m \cdot 40$ et la hauteur $1^m \cdot 90$ centimètres : cette cuve étant pleine de vin, il veut savoir combien il pourra y soutirer de pièces de 225 litres.

P. 494. — Quelle est la capacité d'un fût dont le diamètre des fonds ou jables, est $1^m \cdot 08$ centimètres; celui du bouge $1^m \cdot 23$ centimètres, et la longueur $1^m \cdot 74$ centimètres ?

P. 495. — Dans une usine existe un arbre de couche en fer, de forme cylindrique, ayant $8^m \cdot 30$ de long, et $0^m \cdot 104$ millimètres de diamètre : quel est le poids de cette pièce, le décimètre cube de fer pesant 7 kilog. 79 ?

P. 496. — Une ligne télégraphique de

315 kilomètres de longueur, est desservie par huit fils de fer de même grosseur, ayant quatre millimètres de diamètre : on demande le poids de ces huit fils, sachant que le décimètre cube de ce fer pèse 7 kilog. 785 grammes.

P. 497. — L'obélisque de Louqsor, érigé sur la place de la Concorde, à Paris. est un monolithe en granit, ayant la forme d'un tronc de pyramide quadrangulaire, à bases carrées. La base inférieure a $2^m·42$ centimètres de côté; la base supérieure $1^m·54$ centimètres, et la hauteur entre les deux bases $21^m·60$ centimètres. Cette première partie formant le fût du monolithe est de plus surmontée d'un pyramidion quadrangulaire ayant pour base la base supérieure du fût, et une hauteur de $1^m·20$ centimètres : le mètre cube de granit pesant 2750 kilog., on demande le volume et le poids de ce monolithe.

P. 498. — Le volume d'une sphère s'obtient en multipliant sa surface par le tiers du rayon ; ou ce qui donne le même résultat, en multipliant le cube du rayon par le nombre fractionnaire 4 unités 1888, ce nombre étant les 4/3 du rapport du diamètre à la circonférence.

Cela compris, on demande le volume d'une sphère de $1^m·84$ centimètres de diamètre.

P. 499. — Quel est le poids d'un boulet

en fonte de $0^m\cdot 148$ millimètres de diamètre, le décimètre cube de ce métal pesant 72 hecto-grammes ?

P. 500. — On demande le volume du globe terrestre ayant 40.000 kilomètres de circonférence, en prenant pour base du calcul les données du problème 485.

RÉPONSES

AUX

PROBLÈMES DE CALCUL.

Ire SÉRIE.

Nos	RÉPONSES.	Nos	RÉPONSES.
1er.	5 francs.	8.	710 francs.
2.	89 élèves.	9.	6400 francs de perte.
3.	110 francs.	10.	11.425 francs.
4.	Le 1er, 185 francs.	11.	2700 francs.
	Le 2e, 220 fr.	12.	520 francs.
	Le 3e, 340 fr.	13.	Le 1er, 150 francs.
	Le 4e, 285 fr.		Le 2e, 195 fr.
5.	6670 francs.		Le 3e, 255 fr.
6.	465 francs.	14.	129f.60 centimes.
7.	10,685 soldats tués	15.	28 ouvriers.

Nᵒˢ	RÉPONSES.	Nᵒˢ	RÉPONSES.

16. 90 jours, ou 3 mois.
17. 430 francs.
18. 15 francs.
19. 1.085 francs.
20. 162 doubles décalitres
21. 12^f·50 centimes.
22. 120 francs.

23. 50 douzaines.
24. Le 1er, 32^f·40 centim.
Le 2e, 46^f·80 cent.
Le 3e, 55^f 80 cent.
25. La 1re, 800 francs
La 2e, 200 fr.

IIe SÉRIE.

26. 55 ans.
27. En 1815.
28. Mort à 77 ans;
il a régné 72 ans.
29. 51 ans 9 mois.
30. 55 ans.
31. Le père 65 ans.
Le fils, 35 ans.
32. Le père 56 ans.
Le fils 28 ans.
33. Dans 28 ans.
4. Le père 76 ans.
Le fils 58 ans.
35. Le père 48 ans.
Le fils 18 ans.
36. 2^f·55 centimes.
37. 500 feuilles.
8. 8 heures.

39. 1° 1440 minutes au
jour,
2° 8760 heures dans
l'année.
40. 56.525 jours dans un
siècle.
41. 4^f·20 centimes.
42. De 26^f·95 centimes.
43. 2^f·75 centimes.
44. 247 francs.
45. 1701^f·60 centimes.
46. 85 francs de plus.
47. 58^f·75 centimes.
48. 0^f·25 centimes.
49. La 1re de 50 mètres.
La 2e de 44 mètres.
50. 670 francs.

IIIe SÉRIE.

51. 100 francs.

52. 0^f·25 centimes.

Nᵒˢ	RÉPONSES.	Nᵒˢ	RÉPONSES.
53.	2ᶠ·50 centimes.	66.	40,000 francs.
54.	90 journées.	67.	35 jours.
55.	1784 mètres.	68.	31ᶠ·50 centimes.
56.	1ᶠ·50 cent. le kilog.	69.	1ᶠ·75 centimes.
57.	19ᶠ·60 centimes.	70.	0ᶠ·45 centimes.
58.	40 jours.	71.	16 pièces.
59.	12 heures par jour.	72.	La 1ʳᵉ, 11 fr. le mètre.
60.	Dans 24 jours.		La 2ᵉ, 8 francs.
61.	560 francs.	73.	60 mètres.
62.	1705ᶠ·50 centimes.	74.	Le 2ᵉ, 3 francs.
63.	1267ᶠ·20 centimes.		Le 3ᵉ, 4ᶠ·50 centimes.
64.	1140 francs.	75.	2ᶠ·75 centimes.
65.	De 28ᶠ·50 centimes.		

IVᵉ SÉRIE.

Nᵒˢ	RÉPONSES.	Nᵒˢ	RÉPONSES.
76.	5.150 litres.	87.	Il a gagné 1,008 fr.. et a travaillé 288 jours.
77.	2 heures 8 minutes.		
78.	5 heures 15 minutes.		
79.	Le 1ᵉʳ, 11 heures 15 minutes.	88.	75ᶠ·50 centimes.
	Le 2ᵉ, 7 heures 30 minutes.	89.	2ᶠ·75 centimes.
		90.	500 couteaux.
		91.	1ᶠ·80 centimes.
80.	2ᶠ·05 centimes.	92.	20 litres d'eau.
81.	Dans 18 mois.	93.	8.600 francs.
82.	4 francs par jour.	94.	72 francs.
83.	61ᶠ·65 centimes.	95.	Une douzaine et demie
84.	11ᶠ·30 centimes.		
85.	55 francs.	96.	5.000 voyages.
86.	1ᵉʳ 420 francs.	97.	75 doubles décalitres.
	2ᵉ 500 francs.	98.	18 jours.
	3ᵉ 120 francs.	99.	26ᶠ·75 centimes.
		100.	272ᶠ·90 centimes.

Ve SÉRIE.

Nos	RÉPONSES.	Nos	RÉPONSES.
101.	5.600 francs.	113.	250 francs.
102.	2.650 francs.	114.	La 1re, 16 fr. le mèt.
103.	21f·60 centimes.		La 2e, 19 francs.
104.	5m·25 centimètres.	115.	15,000 plumes.
105.	710 francs.	116.	150 francs.
106.	0f·75 centimes la douzaine.	117.	0f· 70 centimes la douzaine.
107.	221 francs.	118.	4680 fagots.
108.	26 chevaux.	119.	400 fagots.
	Il a payé 640 fr. le cheval.	120.	5 francs.
	Il l'a revendu 665 fr.	121.	82 pièces.
		122.	10 mois et demi.
109.	2f·60 centimes.	123.	2 francs.
110.	16 kilog. de café.	124.	Il a gagné 7 fr. 80 centimes.
111.	48 doubles décalitres		
112.	Le 1er, 58 mètres.	125.	1.000 poires.
	Le 2e, 57 mètres.		

VIe SÉRIE.

Nos	RÉPONSES.	Nos	RÉPONSES.
126.	18f·50 centimes.	131.	50 mois.
127.	860 mètres.	132.	0f·75 centimes.
128.	0f·075 millim. par mètre.	133.	1740 francs.
	28f·20 cent. en tout.	134.	Les meules 129.600 tours.
129.	21 kilog. de viande.		Le volant, 25.920 tours.
130.	491 francs.		

Nᵒˢ	Réponses.	Nᵒˢ	Réponses.
135.	0ᶠ·40 centimes.	143.	L'un 25 litres, L'autre 35 litres.
136.	78 jours, ou 13 semaines.	144.	1ᶠ·80 centimes.
137.	1ᶠ·25 centimes.	145	1ᶠ·20 centimes.
138.	92 francs.	146.	25 francs.
139.	14ᶠ·50 centimes le mètre et 156 mètres..	147.	66 mois, ou 5 ans et demi.
		148.	23 francs.
140.	A 1ᶠ·10 centimes.	149.	68 moutons.
141.	2ᶠ·26 centimes.	150.	1,050 francs.
142.	60 litres d'eau.		

VIIᵉ SÉRIE.

Nᵒˢ	Réponses.	Nᵒˢ	Réponses.
151.	A 8 heures.	165.	Elle pèse 1127 kilog. Elle coûte 5.719ᶠ·10 centimes.
152.	6 heures 20 minutes.		
153.	7 heures 18 minutes.		
154.	1 minute en 3 heures, ou 20 secondes par heure.	166.	24.000 hommes.
		167.	40 francs.
		168.	de 43ᶠ·75 centimes.
155.	7 jours et demi.	169.	10 francs.
156.	2 heures d'avance.	170.	45 francs.
157.	Le 1ᵉʳ, 700 francs. Le 2ᵉ, 550 fr. Le 5ᵉ, 250 fr.	171.	Il a mis 15 jours, et 5ᶠ·60 centimes par jour.
158.	42.076ᶠ·80 centimes	172.	1° 400 francs.
159.	2 ans 9 mois.		2° 6ᶠ·25 centimes.
160.	8 jours.		5° 50 francs.
161.	95 francs.	173.	850.197ᶠ· 60 centimes.
162.	17 kilog. de sucre. 8 kilog. de café.	174.	6 de chaque sorte.
163.	159ᵐ·50 centimètres	175.	2.684 354ᶠ·55 centimes.
164.	13ᶠ·80 centimes.		

VIIIe SÉRIE.

N^{os}	RÉPONSES.	N^{os}	RÉPONSES.
176.	Revendre 780 plumes, en donner 220.	192.	Blé, 4^f·25 centimes. Orge, 2^f·50 centim.
177.	658^f·80 centimes.	193.	Le père, 4^f·50 cent. Le fils, 3^f·50 cent.
178.	18.750 fagots.	194.	274 jours.
179.	150 francs.	195.	La 1re, de 18 élèves. La 2e, de 33 élèves.
180.	21 mois.		
181.	720 litres.	196.	Blé, 26 hectolitres. Orge, 12 hectolitres.
182.	10^f·80 centimes.		
183.	0^f·96 centimes	197.	750 fr. le cheval. Et 42 moutons.
184.	6850 mètres. 0^f·90^c· le mètre.		
		198.	18 pauvres. Et 8^f·25 centimes.
185.	184 francs.		
186.	2^f·40 centimes.	199.	Le fer, 0^f·60 cent. L'acier, 1^f·80 cent.
187.	2^f·50 centimes.		
188.	284 peupliers.	200.	1° 550 francs. 2° 480 francs. 3° 560 francs.
189.	65^f·50 centimes.		
190.	220 boîtes.		
191.	4520 fr. par an.		

IXe SÉRIE.

N^{os}	RÉPONSES.	N^{os}	RÉPONSES.
201.	2^f·50 centimes.	205.	3226^f·90 centimes.
202.	4 francs.	206.	1605^f·50 centimes.
203.	L'are, 80 francs. L'hectare, 8,000 fr.	207.	18^f·50 centimes.
		208.	875 sacs.
204.	136^f·80 centimes.	209.	12 hectol. de faîne.

| N^{os} | RÉPONSES. | N^{os} | RÉPONSES. |

Nᵒˢ	RÉPONSES.	Nᵒˢ	RÉPONSES.
210.	240 litres.		Le double décalitre, $3^f \cdot 90$ centimes.
211.	$2^f \cdot 52$ centimes.		
212.	200 douzaines.	219.	85 doubles décalit.
213.	840 francs.	220.	$0^f \cdot 80$ centimes.
214.	1620 francs.	221.	5 francs le mètre.
215.	100 planches.	222.	2 ans 6 mois.
216.	2^f 50 cent. le litre.	223.	Le 1ᵉʳ, 25 jours. Le 2ᵉ, 26 jours et demi.
217.	1680 francs.		
218.	L'hectolitre, $19^f \cdot 50$ centimes.	224.	$0^f \cdot 03$ centimes.
		225.	657 quintaux.

Xᵉ SÉRIE.

Nᵒˢ	RÉPONSES	Nᵒˢ	RÉPONSES
226.	4.482 arbres.	241.	$202^f \cdot 40$ centimes.
227.	A 8 mètres.	242.	$45^f \cdot 25$ centimes.
228.	11 heures 13 min.	243.	2.500 hommes.
229.	8 heures 20 minutes.	244.	Le litre, $1^f \cdot 60$ cent. Le kilog, $1^f \cdot 75$ cent.
230.	25 décagrammes.		
231.	276 francs.	245.	Le litre, $1^f \cdot 94$ cent. Le kilog., $2^f \cdot 12$ cent.
232.	Les deux $0^f \cdot 40$ centimes le litre.		
		246.	546 francs.
233.	12 pièces.	247.	24 pièces.
234.	19.800 francs.	248.	1ᶠˢ roues, 60,000 tours. 2ᵉˢ roues, 144.000 tours.
235.	$1642^f \cdot 20$ centimes.		
236.	$1068^f \cdot 34$ centimes.		
237.	$395^f \cdot 80$ centimes.		
238.	$2^f \cdot 40$ cent. le litre.	249.	1ʳᵉˢ roues, 125 tours. 2ᵉˢ roues, 500 tours.
239.	225 litres.		
240.	$0^f \cdot 15$ centimes.	250.	15.589 francs.

XIᵉ SÉRIE.

Nᵒˢ	RÉPONSES.	Nᵒˢ	RÉPONSES.
251.	Pièce de 5 fr., 25 gr.	257.	25.000 francs.
	Id. de 2 fr., 10 gr.	258.	587.500 francs.
	Id. de 0ᶠ·50, 2 gr.	259.	2.000 rouliers.
	50 centigr.	260.	400 pièces.
	Id. de 0ᶠ·20, 1 gr.	261.	19 pièces de 5 francs,
252.	Pièce de 5 fr., 22		et 11 pièces de 2
	gr. 50 d'argent et		francs.
	2 gr. 50 de cuivre.	262.	1.081.081.081 piè-
	Pièce de 2 fr., 9 gr.		ces.
	d'argent et 1 gr.	263.	1200 francs,
	de cuivre.		et 150 pièces.
	Pièce de 1 fr., 4 gr.	264.	678ᶠ·70 centimes.
	50 d'argent et 0	265.	3.000 francs.
	gr. 50 de cuivre.	266.	5.375 francs.
	Pièce de 0ᶠ·50, 2 gr.	267.	29.250 francs.
	25 d'argent et 0 gr.	268.	793ᶠ·80 centimes.
	25 de cuivre.	269.	107 hectolitres 10 li-
	Pièce de 0ᶠ·20, 0 gr.		tres.
	90 d'argent et 0	270.	1152ᶠ·50 centimes.
	gr. 10 de cuivre.	271.	61ᶠ·28 centimes.
253.	200 francs.	272.	50 grammes.
254.	6 grammes 452.	273.	18ᶠ·90 centimes.
255.	3.100 francs.	274.	138 francs.
256.	15 fois et demie.	275.	20ᶠ·60 centimes.

XIIᵉ SÉRIE.

276.	4ᶠ·90 centimes.		Le double décalitre,
277.	L'hectolitre, 7ᶠ·57		1ᶠ·47 centimes.
	centimes.	278.	Le litre, 0ᶠ·90 cent.

Nᵒˢ	RÉPONSES.	Nᵒˢ	RÉPONSES.
	Le kilogr., 1ᶠ.515 millimes.	291.	5.878ᶠ·50 centimes.
		292.	62ᶠ·75 centimes.
279.	29 doubles décalitres 4 litres.	293.	865 litres.
		294.	1560 litres.
280.	53ᶜ·60 centimes.	295.	A 0ᵐ·148 millimèt.
281.	798 francs.	296.	52.260ᶠ·80 centim.
282.	40ᶠ·35 centimes.	297.	599 hectolitres.
283.	16 pièces.	298.	1° 75.496.783 hectolitres 58 litres.
284.	155 kilomètres.		
285.	21 kilomètres.		2° 5.879.742 hectares 68 ares 70 centiares.
286.	1ᵐ·95 centimètres.		
287.	2·127ᶠ·20 centimes.		
288.	525 francs.	299.	8 579.880.964.516 hectolitres.
289.	6.400 coussinets.		
290.	2ᶠ·45 centimes par hectolitre.	500.	749.855 ans.

XIIIᵉ SÉRIE.

Nᵒˢ	RÉPONSES.	Nᵒˢ	RÉPONSES.
301.	3ᶠ·60 centimes.	513.	1° 10 jours 5/8ᵉ.
302.	La moitié.		2° 5ᶠ·20 cent. par jour.
303.	60 moutons.		
304.	2 mèt. 11/15.	514.	160 francs.
305.	60.000 francs.	515.	12 500 francs.
306.	640 francs.	516.	10 jours.
307.	Il lui manque 0ᵐ·025 millimètres.	517.	La grande, 45 mètres La petite 42ᵐ·75 centimètres.
308.	24 mètres.		
309.	25 francs.	518.	9.000 habitants.
310.	Les 5/9ᵉ.		6 000 catholiques.
311.	5 francs.		1.125 protestants.
312.	15 heures.		1.800 juifs.

N^{os}	RÉPONSES.	N^{os}	RÉPONSES.

N°s	RÉPONSES.	N°s	RÉPONSES.
519.	Le cheval, 510 fr., La vache, 540 fr.	522.	A 8 heures 1/2 du soir.
520.	60 mètres.	523.	84 jours.
521.	Le 2e, fait 9/14e de mètre de plus par jour.	524.	16 jours.
		525.	0f·90 centimes par jour.

XIVe SÉRIE.

N°s	RÉPONSES.	N°s	RÉPONSES.
526.	50.	541.	L'un, 420 francs. L'autre, 560 francs.
527.	25/48e et 17/48e.	542.	520 litres.
528.	60.	543.	124 litres.
529.	60 et 40.	544.	580 litres.
530.	La 2e a 1/48e de plus large.	545.	En 28 heures.
531.	625 révolutions.	546.	678 litres 12 centilitres.
532.	30.000 hommes.		
533.	1620 francs.	547.	48 heures.
534.	72 francs.	548.	7 heures 12 minutes.
535.	248 jours.	549.	2 heures 24 minutes.
536.	5 heures 25/31e.	550.	1° 50 heures.
537.	16 heures 4/11e.		2° Le 1er, 1/4.
538.	11 heures.		Le 2e, 1/3.
539.	240 moutons.		Le 3e, 5/12e.
540.	Il avait 72 francs. Il a perdu 54 francs.		3° Le 1er recevra 54f. Le 2e — 72f. Le 3e — 90f.

XVe SÉRIE.

N°s	RÉPONSES.	N°s	RÉPONSES.
551.	32 gilets.	553.	75 et 125.
552.	1 mètre 1/3.	554.	14 mètres 1/16e.

Nᵒˢ	RÉPONSES.	Nᵒˢ	RÉPONSES.
355.	21 francs le mètre.		Le 2ᵉ, — 105.765ᶠ·
356.	6/5ᵉ ou 1ᵐ·20 cent.		Le 3ᵉ, — 176.275ᶠ·
357.	Il reste 5/18ᵉ de mètre et 15 francs.	567.	65ᶠ·36 centimes.
		568.	Le 1ᵉʳ, 17 jours.
358.	Le 1ᵉʳ fait 4 kilomètres de plus.		Le 2ᵉ, 11 jours 1/3.
		369.	Il en reste 5ᵐ· 3/5ᵉ, et 25 fr. le mètre.
359.	A 57 kilomètres de Paris.	370.	270.000.000 francs.
560.	Il avait 160 francs. Il devait 640 francs.	371.	480 mètres.
		572.	388 francs.
561.	82 kilog. 42/115.	573.	Il lui reste 205 fr.
362.	784 hectol. 16/51ᵉ.		1ᵉʳ paiement, 200 fr.
363.	51ᶠ·45 centimes.		2ᵉ — 120 fr.
564.	Le maître redevait 5ᶠ·12 centimes.		3ᵉ — 75 fr.
		474.	Le 1ᵉʳ, 11.520 fr.
365.	1° 75 hectares, 2° 20 hectares. 3° 40 hectares.		Le 2ᵉ, 5.760 fr.
			Le 3ᵉ, 2.880 fr.
			Le 4ᵉ, 1.440 fr.
566.	Le 1ᵉʳ, 128 hect. 20 ares.		Le 5ᵉ, 720 fr.
			Total, 22 680 fr.
	Le 2ᵉ, 96 hect. 15 a.	375.	Pain, 548 kilog. 3/4.
	Le 1ᵉʳ paiera 141.020 francs.		Viande, 174 k. 5/8ᵉ.

XVIᵉ SÉRIE.

Nᵒˢ	RÉPONSES.	Nᵒˢ	RÉPONSES.
376.	4ᶠ·20 le mètre.	383.	L'épicier, 15 p. °/₀.
577.	2ᶠ·22 le mètre.		Le drapier, 14 1/2 pour °/₀.
578.	5 fr. la bouteille.		
379.	1515 litres 72 d'eau.	384.	Le 1ᵉʳ, 4.707ᶠ·50 c.
380.	250 kilogrammes.		Le 2ᵉ, 2.625 francs.
581.	A 53.745ᶠ·50 cent.	385.	Au 1ᵉʳ, 16.250 fr.
582.	31.692ᶠ·57 centim.		Au 2ᵉ, 5.700 fr.

N^{os}	RÉPONSES.	N^{os}	RÉPONSES.
386.	$159^f\cdot42$ centimes.	395.	$3^f\cdot50$ cent. p. %.
387.	$0^f\cdot45$ le kilog.	396.	5.905 fr. de perte.
388.	230 francs.	397.	$2^f\cdot30$ le kilog.
389.	4 aiguilles.	398.	$2^f\cdot78$ le kilog.
390.	5.175 francs.	399.	22.660 francs.
391.	Achat, 8.400 fr.	400.	Etain, 864 k. 44.
	Vente, 9.400 fr.		Cuivre, 5.064 k. 83.
392.	$16^f\cdot25$ le mètre.		Zinc, 59 k. 50.
393.	$12^f\cdot95$ centimes.		Plomb, 31 k. 43.
394.	14.750 francs.		

XVIIᵉ SÉRIE.

N^{os}	RÉPONSES.	N^{os}	RÉPONSES.
401.	En 20 ans.	414.	12.600 fr. à 5 p. %.
402.	25 ans.		7.400 fr. à 4 1/2
403.	A 15 pour %.		p. %.
404.	A 8 pour %.	415.	124.100 francs.
405.	1200 francs.	416.	A $61^f\cdot50$ centimes.
406.	$3^f\cdot75$ pour %.	417.	12.300 francs.
407.	7 ans 4 mois.	418.	A $4^f\cdot87$ p. %.
408.	$22^f\cdot50$ pour %.	419.	$64^f\cdot75$ centimes.
409.	59 francs.	420.	A $4^f\cdot63$ p. %.
410.	A $8^f\cdot50$ pour %.	421.	235 francs.
411.	1.600 fr. à 5 p. %.	422.	28 francs.
	8.400 fr. à 4 1/2	423.	A $63^f\cdot90$ centimes.
	p. %.	424.	$0^f\cdot66$ centimes.
412.	$121^f\cdot20$ centimes.	425.	De $1^f\cdot875$ millimes.
413.	$965^f\cdot60$ centimes.		

XVIIIᵉ SÉRIE.

N^{os}	RÉPONSES.	N^{os}	RÉPONSES.
426.	On a 225 francs.	427.	Il avait 50 francs.
	On doit 900 francs.		Il devait 90 francs.

N^{os}	RÉPONSES.

428. 1re, 260 francs.
2e, 300 francs.
3e, 260 francs.
4e, 180 francs.
429. 48.000 francs.
430. Le 1er a mis 7.916^f·66 centimes.
Le 2e, 7.083^f·34 c.
Le 1er a gagné 950 fr.
Le 2e, 850 fr.
431. Le 1er a eu 3.240 fr.
Le 2e, 2.610 fr.
Le 3e a mis 9.000 fr.
432. Le 1er eut 190.755 fr.
Le 2e, 63.585 fr.
Le 3e, 21.195 fr.
Le 4e, 7.065 fr.
Le 5e, 2.355 fr.
Le 6e, 785 fr.
433. 3.000 pommes.
434. 1850 cavaliers,
et 4.400 fantassins.
435. 28 coups nuls.
436. Au 1er 256^f·50 cent.
Au 2e, 190 francs.
Au 3e, 182^f·40 cent.
437. Le 1er, 20 jours.
Le 2e, 24 jours.
Le 3e, 30 jours.
Le 4e, 40 jours.
Et chacun 120 fr.

438. Infanterie, 28.500 hommes.
Cavalerie, 19.000 hommes.
Artillerie, 14.250 hommes.
Génie, 2.850 hom^s.
439. 70 francs.
440. 55 francs.
441. Il avait 52 francs, et 1^f·60 c. le kilog.
442. Toile, 2^f·25 le mèt.
Calicot, 1^f·35 le mèt.
443. Cheval, 585 francs.
Bœufs, 780 francs.
444. 5 francs.
445. En tout 216 moutons.
Le 1er, 68 id.
Le 2e, 64 id.
446. 1re, 25 moutons.
2e, 15 id.
3e, 55 id.
En tout 75 moutons.
447. Le 1er avait 125 fr.
Il a perdu 50 fr.
Le 2e avait 300 fr.
Il a perdu 150 fr.
448. 50 mètres.
449. 276 fagots.
450. 1^f·60 cent. par jour,
Et 4^f·40 centimes le double décalitre.

XIXᵉ SÉRIE.

Nᵒˢ	RÉPONSES.	Nᵒˢ	RÉPONSES.
451.	46 arbustes.	471.	A 7^m·85 centimètre
452.	410 arbustes.	472.	De 0^m·49 centimèt.
453.	Longueur, 56 arbres. Largeur, 12 arbres.	473.	10 mètres.
454.	1530 carreaux.	474.	10.000 fois plus petit.
455.	57 rouleaux.	475.	1.000.000 fois plus petit.
456.	287^f·85 centimes.		
457.	22^m·32 centimètres.	476.	170^f·45 centimes.
458.	12^m 02 centimètres.	477.	40 000 choux.
459.	29^m·60 centimètres.	478.	Culture, 5 hect. 21 ares 05 centiares. Bordure, 19 ares 45 centiares.
460.	0^m·85 centimètres.		
461.	29^f·58 centimes.		
462.	161 francs.		
463.	57.252 ardoises.	479.	Longueur, 1.019^m 80 centimètres. Largeur, 509^m·90 centimètres.
464.	Les deux, 0^f·05 c. le décimètre carré.		
465.	1res, 1^f·50 cent. le mètre carré. 2es, 1^f·60 centimes le mètre carré.	480.	1590 mèt. carrés 63 décimèt. carrés, ou 15 ares 90 centiar.
466.	Un côté serait plus grand que la somme des deux autres.	481.	Diamètre, 18 mètres. Circonférence, 56^m· 55 centimètres.
467.	A 2 heures 48 minutes du soir.	482.	80 mètres carrés 12 décimètres carrés.
468.	1^m·15 centimètres.	483.	6 mètres carrés 15 décimètres carrés.
469.	518.750 francs.	484.	56 mètres carrés 74 décimètres carrés.
470.	Trottoir, 2324 mètres carrés. Grille, 678 mètres de long.	485.	50.929.576.000 hectares.

XXe SÉRIE.

N^{os}	RÉPONSES.	N^{os}	RÉPONSES.
486.	14 stères.	496.	246.561 kilog.
487.	554 hectol. 50 litres.	497.	Volume, 87 mètres cubes.
488.	254 hectolitres.		Poids, 237.250 kilog.
489.	4ᵐ·80 de profondeur.	498.	5 mètres cubes 262 décimèt. cubes.
490.	0ᵐ·625 millimètres.		
491.	0ᵐ·05 cent. de trop.	499.	12 kilog. 22 décag.
492.	1665 mètres cubes, ou 16.650 hectolit.	500.	1.080.758.707.144. 400.000.000 mèt. cubes.
493.	17 pièces.		
494.	13 hectolit. 03 litres.		
495.	549 kilogrammes.		

Langres, imp. de E. L'HUILLIER.

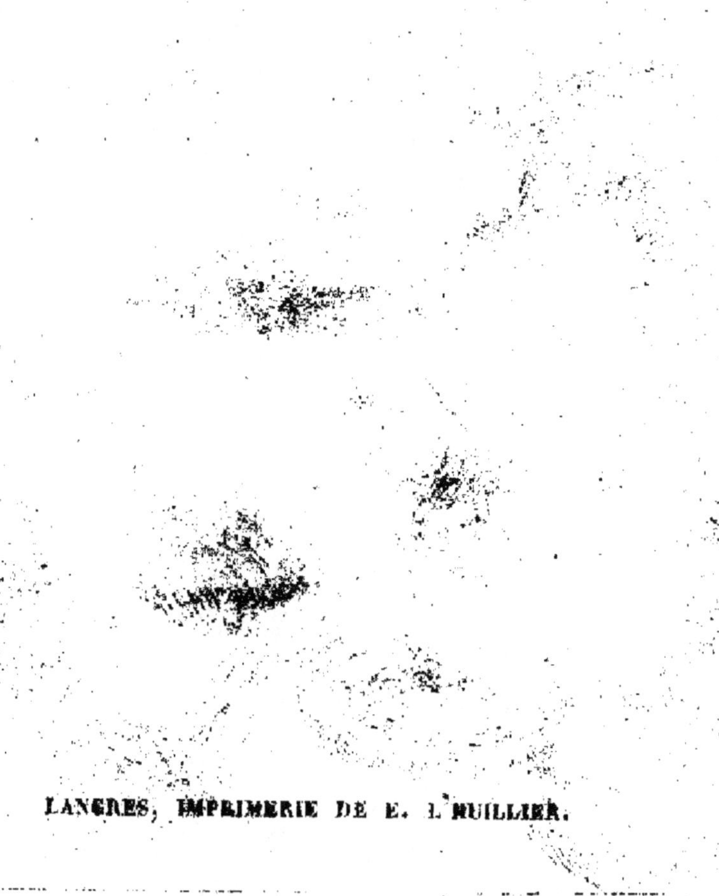

LANGRES, IMPRIMERIE DE E. L'HUILLIER.